食品色谱和质谱分析手册

汪 辉　陈 波　主编

化学工业出版社

·北京·

本书收集了 400 余种食品检测相关化合物，按照食品添加剂、真菌毒素、农药残留、兽药残留、非法添加物和其他化合物进行分类，对其色谱、质谱分析进行了多方面的阐述，包括化合物的理化性质、检测方法等，内容翔实、分类清晰、图文并茂，基本囊括了《国家食品安全监督抽检实施细则（2018～2019 年版）》大部分必检的色谱与质谱分析项目。

本书对于从事市场监管食品检验工作的技术人员具有重要参考价值，也可作为食品色谱与质谱分析的企业检验人员以及食品相关专业研究生、本科生的参考书使用。

图书在版编目（CIP）数据

食品色谱和质谱分析手册/汪辉，陈波主编. —北京：
化学工业出版社，2019.11
ISBN 978-7-122-35322-1

Ⅰ.①食… Ⅱ.①汪…②陈… Ⅲ.①食品安全-色谱-质谱-食品检验-手册 Ⅳ.①TS207.3-62

中国版本图书馆 CIP 数据核字（2019）第 215806 号

责任编辑：仇志刚 傅聪智 　　　　　　　　装帧设计：王晓宇
责任校对：边 涛

出版发行：化学工业出版社（北京市东城区青年湖南街 13 号　邮政编码 100011）
印　　刷：北京京华铭诚工贸有限公司
装　　订：三河市振勇印装有限公司
787mm×1092mm　1/16　印张 15¾　字数 466 千字　2020 年 1 月北京第 1 版第 1 次印刷

购书咨询：010-64518888　　售后服务：010-64518899
网　　址：http://www.cip.com.cn
凡购买本书，如有缺损质量问题，本社销售中心负责调换。

定　　价：98.00 元

《食品色谱和质谱分析手册》
编委会

主　编　汪　辉　陈　波
副主编（按姓氏笔画排序）
　　　　曹小彦　　常晓途　　戴　华
编　委（按姓氏笔画排序）

序
PREFACE

民以食为天，食以安为先。食品安全问题日益受到上至国家政府的重视，下至百姓的关注。作为国家食品安全监管的负责部门——国家市场监督管理总局，依法开展每年的食品监督抽查和风险监测，同时会及时应对突发事件和舆论热点等而开展应急检测，主要包括农药和兽药残留，非法添加物和食品添加剂等一系列检测项目，并列入监督抽检实施细则，供检测技术机构使用。但在实际分析过程中，分析人员如果不能掌握化合物的相关信息，不完全了解和掌握化合物的相关性质，完全按照细则照方抓药就可能给后期的样品前处理和仪器分析带来不便，可能出现检不出和检不准，导致出具错误检验结果。

针对上述情况，多年从事食品安全分析专业领域检测技术研究、具有丰富知识积累和实践经验的该书作者们极为担忧，并决定撰写一本兼具科学性和实用性的专业书籍以解决这些问题。经过努力，终于完成了《食品色谱和质谱分析手册》一书。该书收集了400余种食品相关化合物，包括食品添加剂、真菌毒素、农药残留、兽药残留、非法添加物和其他化合物六大类，且囊括了《国家食品安全监督抽检实施细则（2018～2019年版）》大部分必检的色谱与质谱分析项目，对化合物的理化性质、检测方法和光谱、色谱与质谱图谱信息等作了详细阐述，具有内容翔实、分类清晰、图文并茂的特点，是从事市场监管食品检验工作的技术人员必备的工具书。此外，本书也可作为从事食品色谱与质谱分析的企业检验人员以及食品相关专业的研究生、本科生的参考书使用。该书的出版，将为食品安全的保驾护航起到重要的技术支撑作用。

国家食品安全风险评估中心　研究员

2019 年 9 月

前 言
FORWORD

  色谱和质谱分析技术因其高效的分离、定性和定量准确以及良好的稳定性，已成为食品安全领域有机化合物检测的重要技术手段。尤其是近几年来，色谱与质谱联用技术更是得到了飞速发展，已应用到大部分新发布的食品安全检测标准方法中。本书根据 GB 2760—2014《食品安全国家标准　食品添加剂使用标准》、GB 2761—2017《食品安全国家标准　食品中真菌毒素限量》、GB 2763—2019《食品安全国家标准　食品中农药最大残留限量》、GB 31650—2019《食品安全国家标准　食品中兽药最大残留限量》、《食品中可能违法添加的非食用物质和已滥用的食品添加剂名单（第 1～6 批汇总）》以及《国家食品安全监督抽检实施细则（2018～2019 年版）》，选取食品检测部分的化合物，包括食品添加剂、生物毒素、农药残留、兽药残留、非法添加物和其他化合物，对其色谱和质谱分析进行了多方面的阐述。

  目前，食品检测相关化合物的 ESI-MS 质谱库还没有较成熟的方案，且商业化谱库价格昂贵，系统提供相关信息的书籍也较少，尤其是同时包含光谱、色谱和质谱信息的更加少见。本书对食品检测 400 余种化合物的中英文名称、分子式、结构式、分子量、CAS 号、溶解性、主要用途、目前国家食品检测标准方法、可采用的检测器、光谱图、色谱图和质谱图等信息作了汇总与描述。其中，分子式、结构式、分子量均通过 ACD/ChemSketch 软件绘制和计算得来；光谱图采用 Agilent 1260 高效液相色谱二极管阵列检测器测定，二级质谱图采用 Agilent 1290 液相色谱串联 6460 三重四极杆质谱（电喷雾离子源）测定，并将原始数据导出，通过 OriginPro 软件绘制得来；中英文名称、CAS 号、溶解性、主要用途、目前国家食品检测标准方法、可采用的检测器通过检索和参考相关标准，文献获得；液相色谱图、气相色谱图、质谱的总离子流图和多反应监测图由长沙市食品药品检验所［国家酒类产品质量监督检验中心（湖南）］、安捷伦科技（中国）有限公司、北京迪科马科技有限公司、岛津（上海）实验器材有限公司友情提供。

  本书在编写过程中，得到了长沙市食品药品检验所［国家酒类产品质量监督

检验中心（湖南）]、湖南师范大学植化单体开发与利用湖南省重点实验室、长沙海关技术中心、湖南省食品质量监督检验研究院、湖南省产商品质量检测研究院、长沙县食品安全检测中心、广电计量检测（湖南）有限公司、安捷伦科技（中国）有限公司、北京迪科马科技有限公司和岛津（上海）实验器材有限公司的大力支持及多位老师的指导和帮助。同时，我们也很荣幸邀请到国家食品安全风险评估中心研究员王竹天和杨大进两位老师为本书作序。在此，谨代表本书编写人员对提供支持和帮助的单位与同仁表示衷心的感谢和诚挚的敬意。

由于编者水平有限，加之撰写时间仓促，难免书中会出现疏漏和不妥之处，敬请各位读者批评指正，同时有好的建议和意见，请及时联系我们，以期今后不断改正和完善。

编者

2019 年 7 月

编写说明

1. 全书按照化合物的种类进行分类，每一类化合物按汉语拼音进行排序，混合物质的分析放在每一章节的最后部分；同时本书还提供化合物的中英文名称和 CAS 号，便于读者查询；

2. 分子结构信息：分子式（molecular formula）和分子量（formula weight）；其中分子量为 ACD/ChemSketch 软件自动计算出的数据，可能会与实际值有差异；

3. 本书提供化合物的用途，便于读者了解食品中化合物的来源；

4. 本书收集目前国内食品常测化合物的标准检测方法，便于读者查询和了解国内相关标准制定情况，可为读者方法开发和标准制定提供可行性思路；

5. 检测器信息：二极管阵列检测器（DAD）、蒸发光散射检测器（ELSD）、示差检测器（RID）、电雾式检测器（CAD）、氢火焰离子化检测器（FID）、电子捕获检测器（ECD）、氮磷检测器（NPD）、火焰光度检测器（FPD）、质谱检测器（MS）、电喷雾离子源（ESI）、大气压力化学电离源（APCI）、电子轰击离子源（EI）、负化学离子源（NCI）；

6. 光谱图信息：波长、吸光度；测定基本参考条件：不接色谱柱，直接进样，采用 Agilent1260 高效液相色谱-二极管阵列检测器在 $210\sim400nm$ 和 $210\sim800nm$ 对化合物进行扫描，流动相为甲醇，流速为 1.0mL/min；

7. 质谱图信息：质荷比（m/z）、强度；测定基本参考条件：仪器为 Agilent1290 超高效液相色谱串联 6460 三重四级杆质谱；流动相为乙腈－0.01mol/L乙酸铵（添加 0.1％甲酸）（50：50，体积比）；流速为 0.4mL/min；电喷雾离子源：正和负离子电离模式（ESI^+ 和 ESI^-）；扫描模式：子离子扫描（Product ion）；毛细管电压：4000V；干燥气（N_2）温度：350℃；干燥气（N_2）流速：11mL/min；雾化器（N_2）压力：$3.4\times10^5 Pa$；裂解电压均为 115V，碰撞能量为 5eV、15eV、25eV 和 35eV；扫描范围基本为 $30\sim[M+H]$、$[M+NH_4]$、$[M+Na]$ 和 $[M-H]$，其中 M 代表不包含结晶水和盐的母核结构；

8. 未提供光谱图的化合物，是因为其在 $210\sim400nm$ 和 $210\sim800nm$ 无吸收或吸收较弱；未提供二级质谱图的化合物，是因为其在电喷雾离子源中难以电离；

9. 个别物质提供了高效液相色谱（HPLC）图、气相色谱（GC）图、总离子流（TIC）图和多反应监测（MRM）图。

10. 由于各品牌仪器和实际测定条件有所差异，所测图谱可能会有所差异，但光谱图大致轮廓和质谱图的碎片离子会基本一致；同时基于此，质谱图的母离子和子离子均保留到整数位。

目录
Contents

食品添加剂

真菌毒素

农药残留

兽药残留

非法添加物

其他

食品添加剂

1. β-阿朴-8′-胡萝卜素醛

英文名：β-apo-8′-carotenal

CAS 号：1107-26-2。

结构式、分子式、分子量：

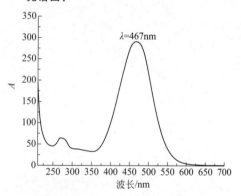

分子式：$C_{30}H_{40}O$

分子量：416.64

溶解性：不溶于水，微溶于乙醇，略溶于植物油，可溶于三氯甲烷[1]。

主要用途：着色剂[2]。

检验方法：暂无色谱和质谱的食品检测标准方法。

检测器：DAD，MS（ESI 源）。

光谱图：

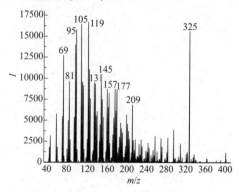

质谱图（ESI[+]）：

m/z 417＞119（定量离子对），m/z 417＞325。

2. 爱德万甜（N-{N-[3-（3-羟基-4-甲氧基苯基）丙基]-L-α-天冬氨酰}-L-苯丙氨酸-1-甲酯）

英文名：advantame（N-[N-[3-(3-hydroxy-4-methoxyphenyl)propyl]-L-α-aspartyl]-L-phenylalanine 1-methyl ester monohydrate

CAS 号：714229-20-6。

结构式、分子式、分子量：

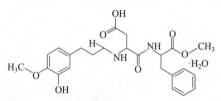

分子式：$C_{24}H_{32}N_2O_8$

分子量：476.52

溶解性：易溶于甲醇，不溶于水[3]。

主要用途：甜味剂[4]。

检验方法：暂无色谱和质谱的食品检测标准方法。

检测器：DAD，MS（ESI 源）。

光谱图：

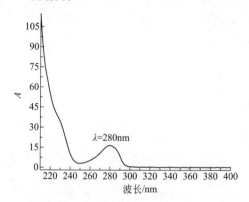

质谱图（ESI[+]）：

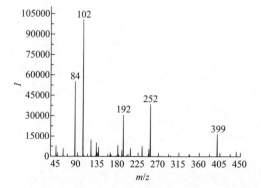

m/z 459＞102（定量离子对），m/z 459＞252。

液相色谱图：

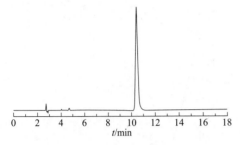

色谱柱：TC-C18（2）（250mm×4.6mm，5μm）；柱温：35℃；检测波长：280nm；进样量：10μL；流动相：甲醇－0.02mol/L 乙酸铵（53：47，体积比）。

多反应监测图：

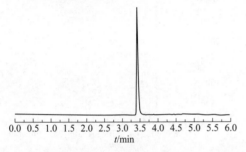

色谱柱：ZORBAX SB-C18（150mm×2.1mm，5μm）；柱温：35℃；进样量：2μL；流速：0.4mL/min；流动相：A—10mmol/L 乙酸铵溶液，B—乙腈；梯度洗脱：

时间/min	0	1	3	5	5.01
A/%	75	75	25	25	75
B/%	25	25	75	75	25

电离模式：ESI，正离子扫描；扫描模式：多反应监测（MRM）；化合物 MRM 参数略。

3. 苯甲酸及其钠盐

英文名： benzoic acid，sodium benzoat

CAS 号： 65-85-0（苯甲酸），532-32-1（苯甲酸钠）。

结构式、分子式、分子量：

分子式：$C_7H_6O_2$　　分子式：$C_7H_5NaO_2$
分子量：122.12　　分子量：144.10

溶解性： 1g 苯甲酸分别溶于 275mL 水（25℃）、20mL 沸水、3mL 乙醇、5mL 三氯甲烷和 3mL 乙醚中，溶于油类，少量溶于己烷中[5,6]。苯甲酸钠易溶于水。

主要用途： 防腐剂[2]。

检验方法： GB 5009.28。

检测器： DAD，FID，MS（ESI 源，EI 源）。

光谱图：

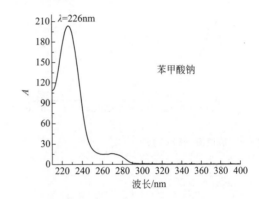

质谱图（ESI⁻）：

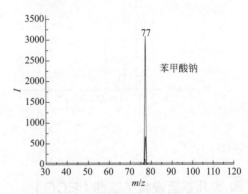

m/z 121＞77（定量离子对）。

4. 表儿茶素（EC）

英文名： L-epicatechin（EC）

CAS 号： 490-46-0。

结构式、分子式、分子量：

分子式：$C_{15}H_{14}O_6$
分子量：290.27

溶解性： 易溶于水、乙醇和乙酸乙酯，微溶于油脂[7]。

主要用途：抗氧化剂[2]。

检验方法：GB/T 8313，GB/T 31740.2，SN/T 3848。

检测器：DAD，MS（ESI 源）。

光谱图：

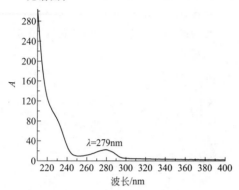

质谱图（ESI+）：

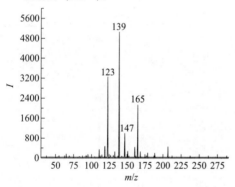

m/z 291＞139（定量离子对），m/z 291＞123。

5. 表儿茶素没食子酸酯（ECG）

英文名：（－）-epicatechin gallate（ECG）

CAS 号：1257-08-5。

结构式、分子式、分子量：

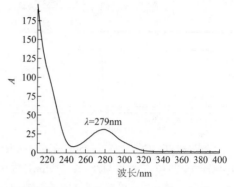

分子式：$C_{22}H_{18}O_{10}$
分子量：442.37

溶解性：易溶于水、乙醇和乙酸乙酯，微溶于油脂[7]。

主要用途：抗氧化剂[2]。

检验方法：GB 5009.32，SN/T 1050。

检测器：DAD，MS（ESI 源）。

光谱图：

质谱图（ESI+）：

m/z 443＞123（定量离子对），m/z 443＞139。

6. 表没食子儿茶素（EGC）

英文名：（－）-epigallocatechin（EGC）

CAS 号：970-74-1。

结构式、分子式、分子量：

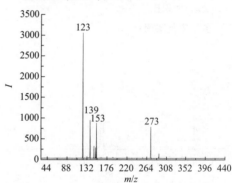

分子式：$C_{15}H_{14}O_7$
分子量：306.27

溶解性：易溶于水、乙醇和乙酸乙酯，微溶于油脂[7]。

主要用途：抗氧化剂[2]。

检验方法：GB/T 8313，GB/T 31740.2，SN/T 3848。

检测器：DAD，MS（ESI 源）。

光谱图：

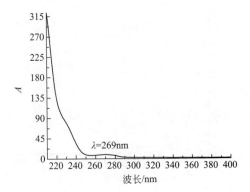

质谱图：

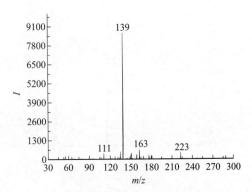

m/z 307＞139（定量离子对），m/z 307 ＞163。

7. 表没食子儿茶素没食子酸酯（EGCG）

英文名：（一）-epigallocatechin gallate(EGCG)

CAS 号：989-51-5。

结构式、分子式、分子量：

分子式：$C_{22}H_{18}O_{11}$
分子量：458.37

溶解性：易溶于水、乙醇和乙酸乙酯，微溶于油脂[7]。

主要用途：抗氧化剂[2]。

检验方法：GB/T 8313，GB/T 31740.2，SN/T 3848。

检测器：DAD，MS（ESI 源）。

光谱图：

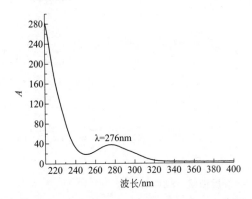

质谱图（ESI+）：

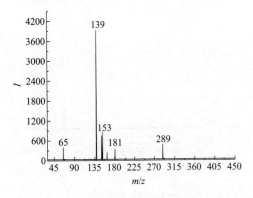

m/z 459＞139（定量离子对），m/z 459 ＞153。

8. 1,2-丙二醇

英文名：1,2-propanediol

CAS 号：57-55-6。

结构式、分子式、分子量：

分子式：$C_3H_8O_2$
分子量：76.09

溶解性：能与水、醇等多数有机溶剂任意混合，可溶解于挥发性油类，但与油脂不能混合[6]。

主要用途：稳定剂和凝固剂、抗结剂、消泡剂、乳化剂、水分保持剂、增稠剂[2]。

检验方法：GB 5009.251。

检测器：DAD，FID，MS（ESI 源，EI 源）。

光谱图：

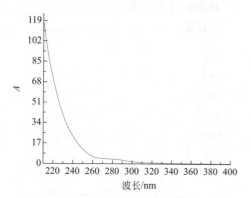

质谱图（ESI⁻）：

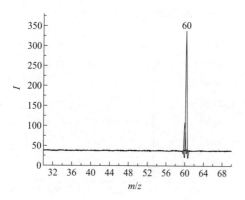

m/z 75＞60（定量离子对）。

9. 1,2,3-丙三醇（甘油）

英文名：1,2,3-propanetriol（Glycerol）

CAS 号：56-81-5。

结构式、分子式、分子量：

HO—CH₂—CH(OH)—CH₂—OH

分子式：C₃H₈O₃

分子量：92.09

溶解性：能与水、乙醇任意混溶，1 份本品能溶于 11 份乙酸乙酯，约 500 份乙醚，不溶于苯、三氯甲烷、四氯化碳、二硫化碳、石油醚和油类[5]。

主要用途：乳化剂、水分保持剂[2]。

检验方法：GH/T 1106。

检测器：DAD，FID，MS（ESI 源，EI 源）。

光谱图：

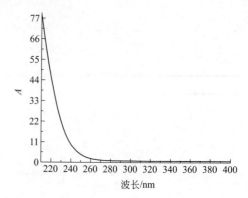

质谱图（ESI⁻）：

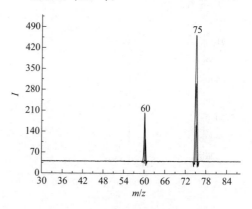

m/z 91＞75（定量离子对），*m/z* 91＞60。

10. 丙酸及其钠盐、钙盐

英文名：propionic acid，sodium propionate，calcium propionate

CAS 号：79-09-4（丙酸），137-40-6（丙酸钠），4075-81-4（丙酸钙）

结构式、分子式、分子量：

丙酸   丙酸钠

分子式：C₃H₆O₂   分子式：C₃H₅NaO₂

分子量：74.08   分子量：96.06

丙酸钙

分子式：C₆H₁₀CaO₄

分子量：186.22

溶解性：丙酸与水混溶，溶于乙醇、三氯

甲烷和乙醚[8]；1g 丙酸钠可溶于 1mL 水（25℃），24mL 乙醇[6]；丙酸钙溶于水，微溶于乙醇和甲醇，几乎不溶于丙酮和苯[8]。

主要用途：防腐剂[2]。

检验方法：GB 5009.120。

检测器：DAD，FID，MS（EI 源）。

光谱图：

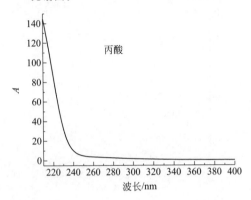

11. 丙酸乙酯

英文名：ethyl propionate

CAS 号：105-37-3。

结构式、分子式、分子量：

分子式：$C_5H_{10}O_2$
分子量：102.13

溶解性：1 份本品溶于约 60 份水，能与乙醇和乙醚混溶[5]。

主要用途：食品用合成香料[2]。

检验方法：GB/T 10345。

检测器：DAD，FID，MS（EI 源）。

光谱图：

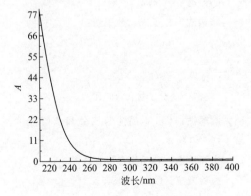

12. 丙酮酸

英文名：pyruvic acid

CAS 号：127-17-3。

结构式、分子式、分子量：

分子式：$C_3H_4O_3$
分子量：88.06

溶解性：能与水、乙醇和乙醚混溶[5]。

主要用途：食品用合成香料[2]。

检验方法：暂无色谱和质谱的食品检测标准方法。

检测器：DAD，MS（ESI 源）。

光谱图：

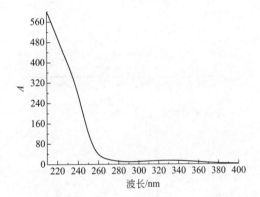

质谱图（ESI⁻）：

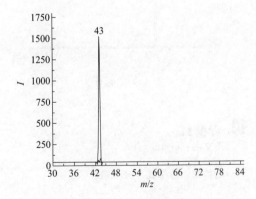

m/z 87＞43（定量离子对）。

13. 2-丙酰吡咯

英文名：2-propionylpyrrole

CAS 号：1073-26-3。

结构式、分子式、分子量：

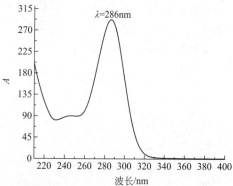

分子式：C_7H_9NO
分子量：123.15

溶解性： 可溶于甲醇和乙腈。

主要用途： 食品用合成香料[2]。

检验方法： 暂无色谱和质谱的食品检测标准方法。

检测器： DAD，FID，MS（ESI 源，EI 源）。

光谱图：

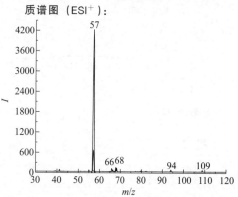

质谱图（ESI⁺）：

m/z 124＞57（定量离子对），m/z 124＞68。

14. 赤藓红

英文名：erythrosine
CAS 号：568-63-8。
结构式、分子式、分子量：

分子式：$C_{20}H_6I_4Na_2O_5$
分子量：879.86

溶解性： 易溶于水，可溶于乙醇、丙二醇和甘油，不溶于油脂[6]。

主要用途： 着色剂[2]。

检验方法： GB 5009.35，GB/T 21916，SN/T 3845。

检测器： DAD，MS（ESI 源）。

光谱图：

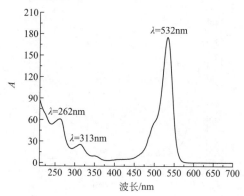

质谱图（ESI⁻）：

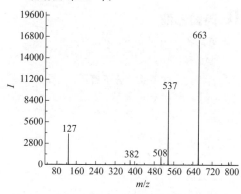

m/z 835＞663（定量离子对），m/z 835＞537。

15. 丁酸乙酯

英文名：ethyl butyrate
CAS 号：105-54-4。
结构式、分子式、分子量：

分子式：$C_6H_{12}O_2$
分子量：116.16

溶解性： 1 份本品能与乙醇和乙醚混溶，溶于约 150 份水[5]。

主要用途： 食品用合成香料[2]。

检验方法： GB/T 10345。

检测器：DAD，FID，MS（EI 源）。

光谱图：

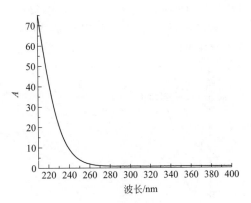

16. 己酸乙酯

英文名：ethyl hexanoate

CAS 号：123-66-0。

结构式、分子式、分子量：

分子式：$C_8H_{16}O_2$
分子量：144.21

溶解性：能与乙醇和乙醚混溶，不溶于水[5]。

主要用途：食品用合成香料[2]。

检验方法：GB/T 10345。

检测器：DAD，FID，MS（EI 源）。

光谱图：

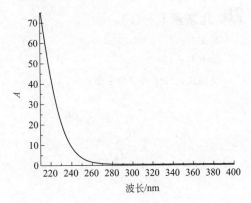

17. 靛蓝

英文名：indigo

CAS 号：482-89-3。

结构式、分子式、分子量：

分子式：$C_{16}H_{10}N_2O_2$
分子量：262.26

溶解性：溶于水（1.1%，21℃），溶于乙二醇、甘油，难溶于油脂和乙醇[6]。

主要用途：着色剂[2]。

检验方法：GB/T 21916。

检测器：DAD，MS（ESI 源）。

光谱图：

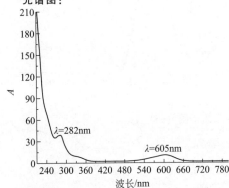

质谱图（ESI$^+$）：

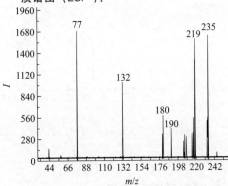

m/z 263＞77（定量离子对），m/z 263＞235。

18. 对羟基苯甲酸甲酯

英文名：methyl 4-hydroxybenzoate

CAS 号：99-76-3。

结构式、分子式、分子量：

分子式：$C_8H_8O_3$
分子量：152.15

溶解性：1g 本品约溶于 400mL 水和 40mL 温热的油中，易溶于醇、醚、酮，微溶于苯和四氯化碳[8]。

主要用途：防腐剂[2]。

检验方法：GB 5009.31，SN/T 1303，SN/T 4047，SN/T 4262。

检测器：DAD，FID，MS（ESI 源，EI 源）。

光谱图：

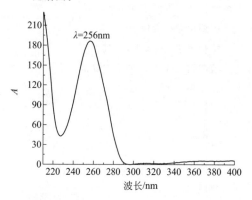

质谱图（ESI⁻）：

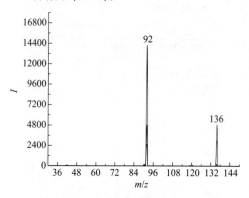

m/z 151＞92（定量离子对），m/z 151＞136。

19. 对羟基苯甲酸乙酯

英文名：ethyl 4-hydroxybenzoate

CAS 号：120-47-8。

结构式、分子式、分子量：

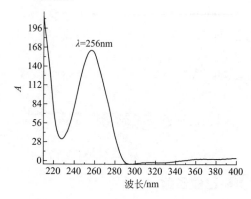

分子式：$C_9H_{10}O_3$
分子量：166.17

溶解性：微溶于水，易溶于乙醇和丙二醇[8]。

主要用途：防腐剂[2]。

检验方法：GB 5009.31，SN/T 1303，SN/T 4047，SN/T 4262。

检测器：DAD、FID、MS（ESI 源，EI 源）。

光谱图：

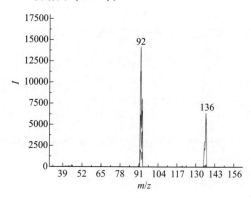

质谱图（ESI⁻）：

m/z 165＞92（定量离子对），m/z 165＞136。

20. 儿茶素（＋C）

英文名：（＋）-catechin(＋c)

CAS 号：154-23-4。

结构式、分子式、分子量：

分子式：$C_{15}H_{14}O_6$
分子量：290.27

溶解性：易溶于水、乙醇和乙酸乙酯，微溶于油脂[7]。

主要用途：抗氧化剂[2]。

检验方法：GB/T 8313，GB/T 31740.2，SN/T 3848。

检测器：DAD，MS（ESI 源）。

光谱图：

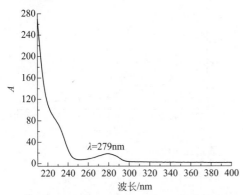

质谱图（ESI+）：

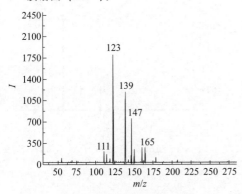

m/z 291＞123（定量离子对），m/z 291＞139。

21. 二丁基羟基甲苯（BHT）

英文名：butylated hydroxytoluene（BHT）

CAS 号：128-37-0。

结构式、分子式、分子量：

分子式：$C_{15}H_{24}O$

分子量：220.35

溶解性：不溶于水、甘油和丙二醇，易溶于乙醇和油脂[6]。

主要用途：抗氧化剂[2]。

检验方法：GB 5009.32，SN/T 1050。

检测器：DAD，FID，MS（ESI 源，EI 源）。

光谱图：

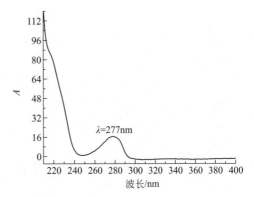

质谱图（ESI⁻）：

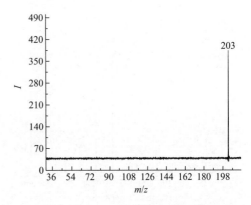

m/z 219＞203（定量离子对）。

22. N-[N-（3,3-二甲基丁基）]-L-α-天门冬氨-L-苯丙氨酸 1-甲酯（纽甜）

英文名：neotame

CAS 号：165450-17-9。

结构式、分子式、分子量：

分子式：$C_{20}H_{30}N_2O_5$

分子量：378.46

溶解性：难溶于水、极易溶于乙醇和乙酸乙酯[10]。

主要用途：甜味剂[2]。

检验方法：GB 5009.247，SN/T 3538。

检测器：DAD，MS（ESI 源）。

光谱图：

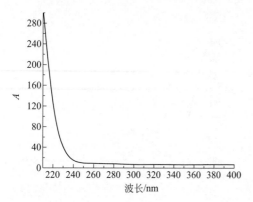

质谱图（ESI⁻）：

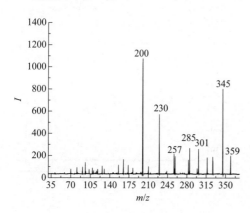

m/z 377＞200（定量离子对），*m/z* 377
＞345。

23. 2,4-二氯苯氧乙酸

英文名：2,4-dichlorophenoxy acetic acid

CAS 号：94-75-7。

结构式、分子式、分子量：

分子式：$C_8H_6Cl_2O_3$
分子量：221.04

溶解性：易溶于乙醚、乙醇、丙酮和苯等
有机试剂[6]。

主要用途：防腐剂[2]。

检验方法：GB/T 5009.175，GB/T 20798，
SN/T 0152，NY/T 1434。

检测器：DAD，MS（ESI 源，EI 源）。

光谱图：

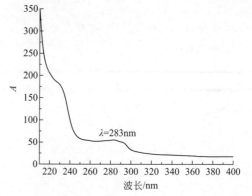

质谱图（ESI⁻）：

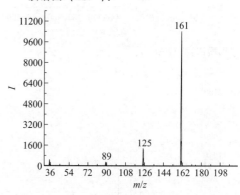

m/z 219＞161（定量离子对），*m/z* 219
＞125。

24. D-泛酸及其钠盐和钙盐

英文名：D-pantothenicacid，D-pantothenate
sodium salt，D-pantothenic acid calcium salt

CAS 号：79-83-4（D-泛酸，D-pantothenic
acid），867-81-2（D-泛酸钠，sodium D-pantothenate），
137-08-6（D-泛酸钙，calcium D-pantothenate）。

结构式、分子式、分子量：

D-泛酸

分子式：$C_9H_{17}NO_5$
分子量：219.23

D-泛酸钠

分子式：$C_9H_{16}NNaO_5$
分子量：241.22

D-泛酸钙

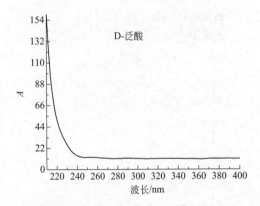

分子式：$C_{18}H_{32}CaN_2O_{10}$
分子量：476.53

溶解性：D-泛酸易溶于水、乙酸乙酯和冰乙酸等，不溶于苯和三氯甲烷；D-泛酸钠极易溶于水，易溶于乙醇和丙酮；1g D-泛酸钙溶于约 3mL 水、溶于甘油和碱溶液，不溶于乙醇、三氯甲烷和乙醚[7]。

主要用途：营养强化剂[9]。

检验方法：GB 5009.210，GB/T 22246。

检测器：DAD，MS（ESI 源）。

光谱图：

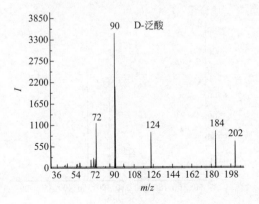

质谱图（ESI+）：

m/z 220＞90（定量离子对），m/z 220＞184。

25. 富马酸

英文名：fumaric acid

CAS 号：110-17-8。

结构式、分子式、分子量：

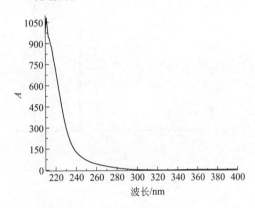

分子式：$C_4H_4O_4$
分子量：116.07

溶解性：可溶于乙醇，微溶于水和乙醚，不溶于三氯甲烷[6]。

主要用途：酸度调节剂[2]。

检验方法：GB 5009.157，SN/T 4675.16。

检测器：DAD，MS（ESI 源，EI 源）。

光谱图：

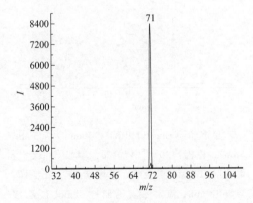

质谱图（ESI−）：

m/z 115＞71（定量离子对）。

26. 谷氨酸钠

英文名：L-（＋）sodium glutamate

CAS 号：142-47-2。

结构式、分子式、分子量：

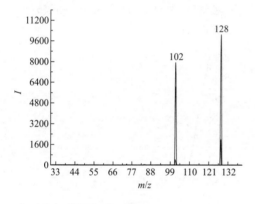

分子式：C$_5$H$_8$NNaO$_4$
分子量：169.11

溶解性：易溶于水和乙醇[5]。

主要用途：增味剂[2]。

检验方法：暂无色谱和质谱的食品标准检验方法。

检测器：ELSD，RID，CAD，MS（ESI源）。

质谱图（ESI$^-$）：

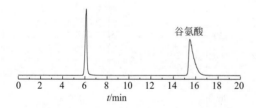

m/z 146＞128（定量离子对），m/z 146＞102。

液相色谱图：

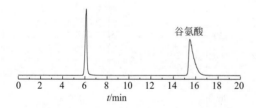

色谱柱：Venusil HILIC（250mm × 4.6mm，5μm）；柱温：30℃；检测器：蒸发光散色检测器（ELSD），参数略；进样量：5μL；流速：1.5mL/min；流动相：乙腈-0.02mol/L 乙酸铵（冰乙酸调 pH 至 3.5）（20∶80，体积比）。

27. β-胡萝卜素

英文名：β-carotene

CAS 号：7235-40-7。

结构式、分子式、分子量：

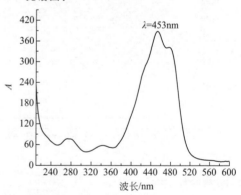

分子式：C$_{40}$H$_{56}$
分子量：536.87

溶解性：不溶于水、丙二醇、甘油、酸和碱，微溶于二硫化碳、苯、三氯甲烷、乙烷和橄榄油等植物油，几乎不溶于甲醇和乙醇[6]。

主要用途：着色剂[2]。

检验方法：GB 5009.83。

检测器：DAD，MS（ESI 源）。

光谱图：

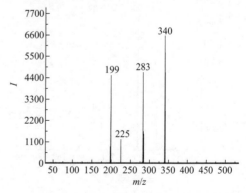

质谱图（ESI$^+$）：

m/z 538＞340（定量离子对），m/z 538＞283。

28. 琥珀酸二钠

英文名：disodium succinate

CAS 号：150-90-3。

结构式、分子式、分子量：

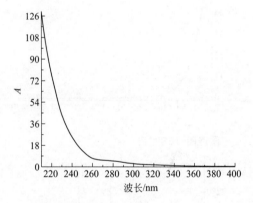

分子式：$C_4H_4Na_2O_4$

分子量：162.05

溶解性：易溶于水，不溶于乙醇[6]。

主要用途：增味剂[2]。

检验方法：GB 5009.157

检测器：DAD，MS（ESI 源，EI 源）。

光谱图：

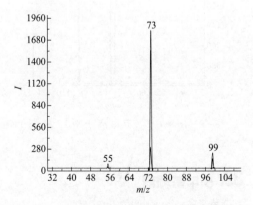

质谱图（ESI⁻）：

m/z 117＞73（定量离子对），m/z 117＞99。

29. 环己基氨基磺酸钠（甜蜜素）

英文名：sodium cyclamate

CAS 号：139-05-9。

结构式、分子式、分子量：

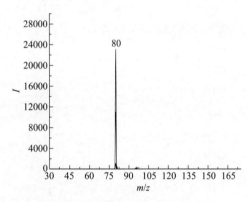

分子式：$C_6H_{12}NNaO_3S$

分子量：201.22

溶解性：易溶于水，几乎不溶于乙醇等有机溶剂[6]。

主要用途：甜味剂[2]。

检验方法：GB 5009.97，SN/T 1948，DBS 52/ 007。

检测器：DAD（与次氯酸反应），FID（与亚硝酸反应），MS（ESI 源）。

质谱图（ESI⁻）：

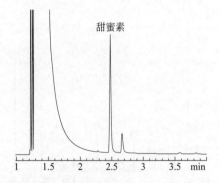

m/z 179＞80（定量离子对）。

气相色谱图：

甜蜜素

色谱柱：DM-5（30m×0.25mm×0.25μm）；升温程序：温度80℃；载气：氮气；流速：1.78mL/min；进样口温度：180℃；进样量：1.0μL；进样方式：分流进样，分流比：49∶1；助燃气：空气，320mL/min；燃气：氢气，36mL/min；检测器：氢火焰离子化检测器（FID）；检测器温度：200℃。

30. 肌醇

英文名：myo-inositol

CAS 号：87-89-8。

结构式、分子式、分子量：

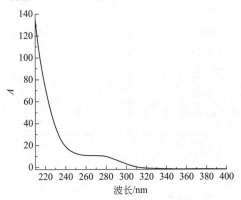

分子式：$C_6H_{12}O_6$

分子量：180.16

溶解性：1g 约溶于 6mL 水中，难溶于乙醇，不溶于乙醚和三氯甲烷[6]。

主要用途：营养强化剂[9]。

检验方法：GB 5009.270。

检测器：DAD，ELSD，RID，CAD，FID（衍生），MS（ESI 源，EI 源）。

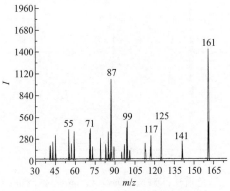

质谱图（ESI⁻）：

m/z 179＞161（定量离子对），m/z 179＞87。

31. 己二酸

英文名：adipic acid

CAS 号：124-04-9。

结构式、分子式、分子量：

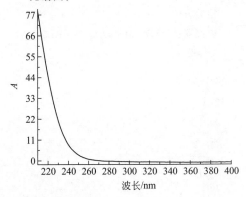

分子式：$C_6H_{10}O_4$

分子量：146.14

溶解性：可溶于丙酮，易溶于乙醇，微溶于水[6]。

主要用途：酸度调节剂[2]。

检验方法：GB 5009.157。

检测器：DAD，MS（ESI 源）。

光谱图：

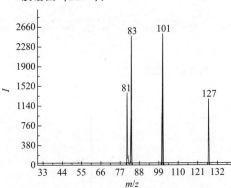

质谱图（ESI⁻）：

m/z 145＞101（定量离子对），m/z 145＞83。

32. 5-甲基糠醛

英文名：5-methylfurfural

CAS 号：620-02-0。

结构式、分子式、分子量：

分子式：$C_6H_6O_2$

分子量：110.11

溶解性：易溶于乙醇，能与乙醚混溶，溶于水[5]。

主要用途：食品用合成香料[2]。

检验方法：暂无色谱和质谱的食品检测标准方法。

检测器：DAD，FID，MS（ESI 源，EI源）。

光谱图：

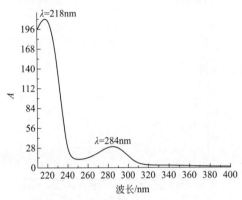

质谱图（ESI+）：

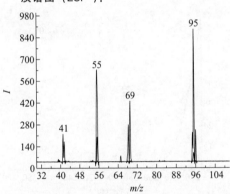

m/z 111＞95（定量离子对），m/z 111＞55。

33. 姜黄素

英文名：curcumin

CAS 号：458-37-7。

结构式、分子式、分子量：

分子式：$C_{21}H_{20}O_6$
分子量：368.38

溶解性：溶于乙醇和丙二醇，易溶于水、乙酸和碱性溶液，不溶于冷水和乙醚[6]。

主要用途：着色剂[2]。

检验方法：SN/T 4890。

检测器：DAD，MS（ESI 源）。

光谱图：

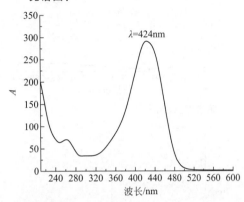

质谱图（ESI+）：

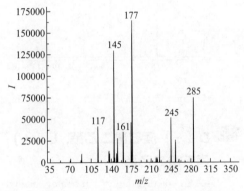

m/z 369＞177（定量离子对），m/z 369＞145。

34. dl-酒石酸

英文名：*dl*-tartaric acid

CAS 号：133-37-9。

结构式、分子式、分子量：

分子式：$C_4H_6O_6$
分子量：150.09

溶解性：易溶于水[6]。

主要用途：酸度调节剂[2]。

检验方法：GB 5009.157。

检测器：DAD，MS（ESI 源）。

光谱图：

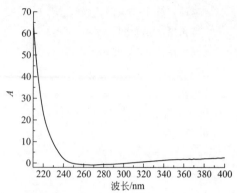

波长/nm

质谱图（ESI⁻）：

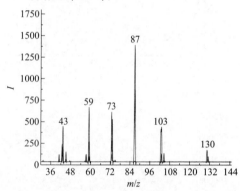

m/z

m/z 149＞87（定量离子对），m/z 149＞59。

35. D-（-）-酒石酸二乙酯，L-（＋）-酒石酸二乙酯

英文名：diethyl D-（-）-tartrate，diethyl L-（＋）-tartrate

CAS 号：13811-71-7（D-（-）-酒石酸二乙酯，diethyl D-（-）-tartrate），87-91-2（L-（＋）-酒石酸二乙酯，diethyl L-（＋）-tartrate）。

结构式、分子式、分子量：

D-(-)-酒石酸二乙酯

H₃C ～ O ～ OH ～ O ～ CH₃
O ～ OH

分子式：$C_8H_{14}O_6$
分子量：206.19

L-(+)-酒石酸二乙酸

H₃C ～ O ～ OH ～ O ～ CH₃
O ～ OH

分子式：$C_8H_{14}O_6$
分子量：206.19

溶解性：D-（-）-酒石酸二乙酯和 L-（＋）-酒石酸二乙酯均能与乙醇、乙醚混溶，微溶于水[5]。

主要用途：食品用合成香料[2]。

检验方法：暂无色谱和质谱的食品检测标准方法。

检测器：DAD，MS（ESI 源）。

光谱图：

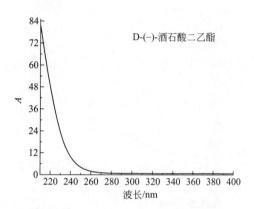

D-(-)-酒石酸二乙酯

波长/nm

L-(+)-酒石酸二乙酯

波长/nm

质谱图（ESI⁺）：

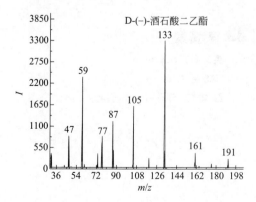

D-(-)-酒石酸二乙酯

m/z

m/z 207＞133（定量离子对），m/z 207＞59。

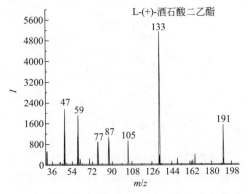

L-(+)-酒石酸二乙酯

m/z 207＞133（定量离子对），m/z 207＞47。

36. 咖啡因

英文名：caffeine

CAS 号：58-08-2。

结构式、分子式、分子量：

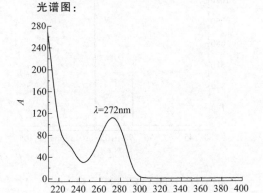

分子式：$C_8H_{10}N_4O_2$
分子量：194.19

溶解性：约 1g 本品可溶于 46mL 水、66mL 乙醇、50mL 丙酮、5.5mL 三氯甲烷、530mL 乙醚和 100mL 苯，也溶于吡咯、乙酸乙酯，微溶于石油醚[6]。

主要用途：其他[2]。

检验方法：GB 5009.139，GB/T 5009.197，SN/T 2440，食药监办许 [2010]114 号。

检测器：DAD，FID，MS（ESI 源，EI 源）。

光谱图：

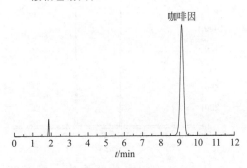

$\lambda=272nm$

波长/nm

质谱图（ESI+）：

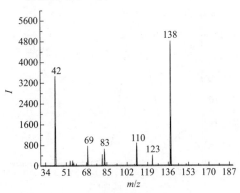

m/z 195＞138（定量离子对），m/z 195＞42。

液相色谱图：

咖啡因

t/min

色谱柱：TC-C18（150mm×4.6mm，5μm）；**柱温**：25℃；**检测波长**：272nm；**进样量**：10μL；**流速**：1.0mL/min 流动相：甲醇-水（24∶76，体积比）。

37. 糠醛

英文名：furfural

CAS 号：98-01-1。

结构式、分子式、分子量：

分子式：$C_5H_4O_2$
分子量：96.08

溶解性：溶于水，混溶于乙醇、乙醚和苯[6]。

主要用途：食品用合成香料[2]。

检验方法：暂无色谱和质谱的食品标准检验方法。

检测器：DAD，FID，MS（ESI 源，EI 源）。

光谱图：

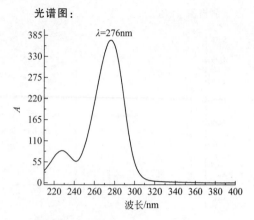

质谱图（ESI⁺）：

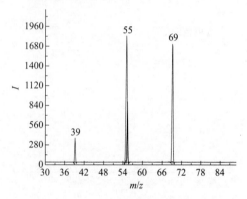

m/z 97＞55（定量离子对），m/z 97
＞69。

38. 抗坏血酸及其盐

英文名：ascorbic acid（Vitamin C），calcium
ascorbate，sodium ascorbate

CAS 号：50-81-7（抗坏血酸，ascorbic
acid），5743-27-1（抗坏血酸钙，calcium
ascorbate），134-03-2（抗坏血酸钠，sodium
ascorbate）。

结构式、分子式、分子量：

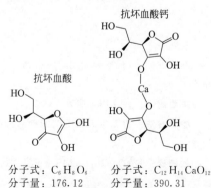

分子式：$C_6H_8O_6$ 分子式：$C_{12}H_{14}CaO_{12}$
分子量：176.12   分子量：390.31

抗坏血酸钠

分子式：$C_6H_7NaO_6$
分子量：198.11

溶解性：1g 本品约溶于 3mL 水，30mL
乙醇，不溶于三氯甲烷和乙醚等有机溶剂[6]；
抗坏血酸钙溶于水，稍溶于乙醇，不溶于乙
醚；抗坏血酸钠易溶于水[6]。

主要用途：面粉处理剂、抗氧化剂（抗坏
血酸）；抗氧化剂（抗坏血酸钙，抗坏血酸
钠）[2]。

检验方法：GB 5009.86。

检测器：DAD，MS（ESI 源）。

光谱图：

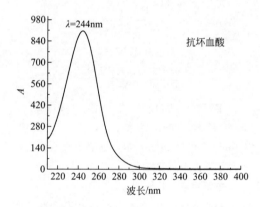

质谱图（ESI⁻）：

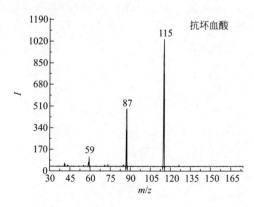

m/z 175＞115（定量离子对），m/z 175
＞87。

39. 亮蓝

英文名：brilliant blue

CAS 号：3844-45-9。

结构式、分子式、分子量：

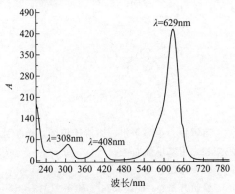

分子式：$C_{37}H_{34}N_2Na_2O_9S_3$

分子量：792.85

溶解性：易溶于水，溶于乙醇、甘油和丙二醇[6]。

主要用途：着色剂[2]。

检验方法：GB 5009.35，SN/T 1743。

检测器：DAD，MS（ESI 源）。

光谱图：

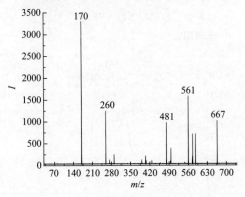

质谱图（ESI⁻）：

m/z 747＞170（定量离子对），m/z 747＞561。

40. 氯化胆碱

英文名：choline chloride

CAS 号：67-48-1。

结构式、分子式、分子量：

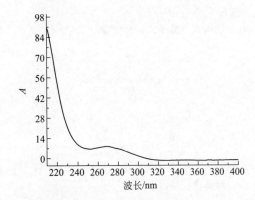

分子式：$C_5H_{14}ClNO$

分子量：139.62

溶解性：易溶于水和乙醇[6]。

主要用途：营养强化剂[9]。

检验方法：暂无色谱和质谱的食品检测标准方法。

检测器：DAD，ELSD，RID，CAD，MS（ESI 源）。

光谱图：

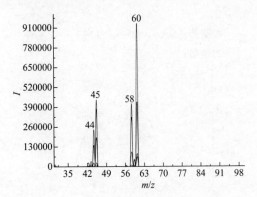

质谱图（ESI⁺）：

m/z 104＞60（定量离子对），m/z 104＞45。

多反应监测图：

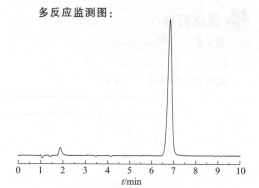

色谱柱：ZORBAX 300 SCX（150mm×2.1mm，5μm）；柱温：30℃；进样量：1μL；流速：0.4mL/min；流动相：0.02mol/L 乙酸铵溶液（冰乙酸调 pH 至 3.0)-乙腈（60：40，体积比）。电离模式：ESI，正离子扫描；扫描模式：多反应监测（MRM）；化合物 MRM 参数略。

41. 迷迭香酸

英文名：rosmarinic acid

CAS 号：20283-92-5。

结构式、分子式、分子量：

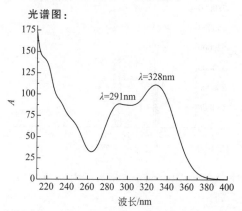

分子式：$C_{18}H_{16}O_8$
分子量：360.31

溶解性：易溶于水。

主要用途：抗氧化剂[2]。

检验方法：暂无色谱和质谱的食品检验标准方法。

检测器：DAD，MS（ESI 源）。

光谱图：

质谱图（ESI⁻）：

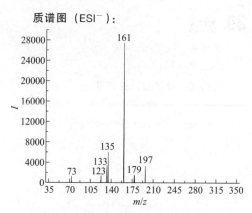

m/z 359＞161（定量离子对），m/z 359＞135。

42. 纳他霉素

英文名：natamycin

CAS 号：7681-93-8。

结构式、分子式、分子量：

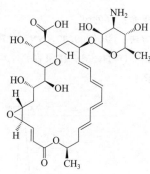

分子式：$C_{33}H_{47}NO_{13}$
分子量：665.73

溶解性：难溶于水，微溶于甲醇。溶于冰乙酸和二甲基甲酰胺[11]。

主要用途：防腐剂[2]。

检验方法：GB 25532，GB/T 21915，SN/T 2655，SN/T 4675.14。

检测器：DAD，MS（ESI 源）。

光谱图：

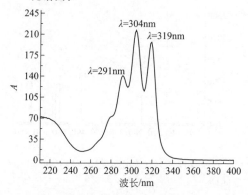

质谱图（ESI⁻）：

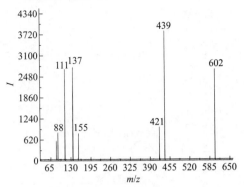

m/z 664＞439（定量离子对），m/z 664 ＞602。

质谱图（ESI⁻）：

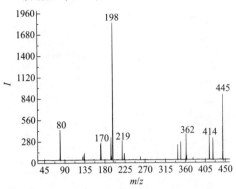

m/z 467＞198（定量离子对），m/z 467 ＞445。

43. 柠檬黄

英文名：tartrazine

CAS 号：1934-21-0。

结构式、分子式、分子量：

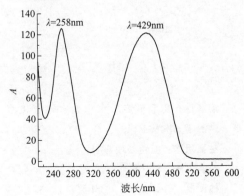

分子式：$C_{16}H_9N_4Na_3O_9S_2$
分子量：534.36

溶解性：易溶于水、甘油、乙二醇，室温下 1g 本品约溶于 10mL 水，微溶于乙醇、油脂[6]。

主要用途：着色剂[2]。

检验方法：GB 5009.35、GB/T 21916、SN/T 4457。

检测器：DAD，MS（ESI 源）。

光谱图：

44. 柠檬酸及其钠盐、钾盐，柠檬酸铁铵

英文名：citric acid，trisodium citrate，tripotassium citrate，ferric ammonium citrate

CAS 号：77-92-9（柠檬酸，citric acid），68-04-2（柠檬酸钠，trisodium citrate），866-84-2（柠檬酸钾，tripotassium citrate），1185-57-5（柠檬酸铁铵，ferric ammonium citrate）。

结构式、分子式、分子量：

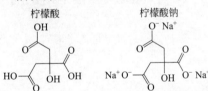

柠檬酸
分子式：$C_6H_8O_7$
分子量：192.12

柠檬酸钠
分子式：$C_6H_5Na_3O_7$
分子量：258.07

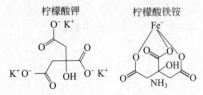

柠檬酸钾
分子式：$C_6H_5K_3O_7$
分子量：306.39

柠檬酸铁铵
分子式：$C_6H_8FeNO_7$
分子量：261.98

溶解性：柠檬酸易溶于水和乙醇，微溶于乙醚；柠檬酸钠溶于水，不溶于乙醇；柠檬酸钾溶于水和甘油，几乎不溶于乙醇；柠檬酸铁铵易溶于水，不溶于乙醇和乙醚[7]。

主要用途：酸度调节剂（柠檬酸、柠檬酸钠、柠檬酸钾），抗结剂（柠檬酸铁铵）[2]。

检验方法：GB 5009.157。

检测器：DAD，FID，MS（ESI 源）。

光谱图：

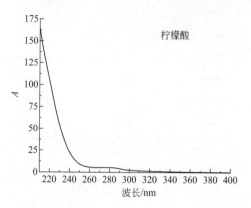

质谱图（ESI⁻）：

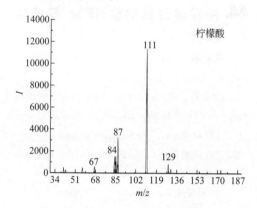

m/z 191＞111（定量离子对），*m/z* 191＞87。

45. 没食子酸丙酯（PG）

英文名：propyl gallate

CAS 号：121-79-9。

结构式、分子式、分子量：

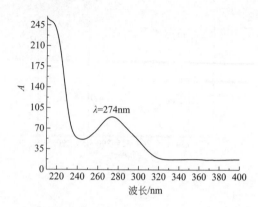

分子式：$C_{10}H_{12}O_5$

分子量：212.20

溶解性：难溶于水，易溶于二醇、丙二醇、甘油等，对油脂的溶解度与对水的溶解度差不多[6]。

主要用途：抗氧化剂[2]。

检验方法：GB 5009.32，SN/T 1050。

检测器：DAD，FID，MS（ESI 源）。

光谱图：

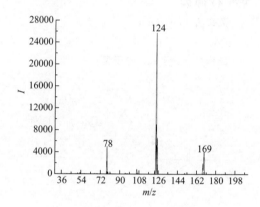

质谱图（ESI⁻）：

m/z 211＞124（定量离子对），*m/z* 211＞78。

46. 偶氮甲酰胺

英文名：azodicarbonamide

CAS 号：123-77-3。

结构式、分子式、分子量：

分子式：$C_2H_4N_4O_2$

分子量：116.08

溶解性：几乎不溶于水和大多数有机溶剂，微溶于二甲基亚砜[6]。

主要用途：面粉处理剂[2]。

检验方法：SN/T 4677。

检测器：DAD，MS（ESI 源）。

光谱图：

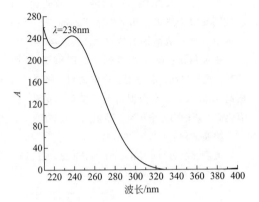

检测器：DAD，MS（ESI 源）。

光谱图：

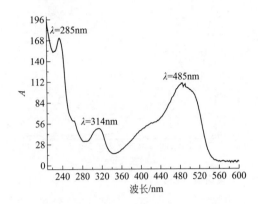

质谱图（ESI+）：

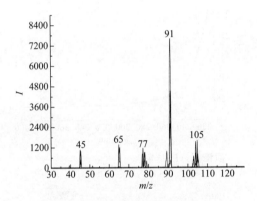

m/z 133＞91（定量离子对），*m/z* 133＞105。

质谱图（ESI−）：

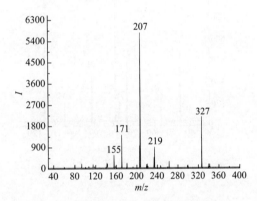

m/z 407＞207（定量离子对），*m/z* 407＞327。

47. 日落黄

英文名：sunset yellow

CAS 号：2783-94-0。

结构式、分子式、分子量：

分子式：$C_{16}H_{10}N_2Na_2O_7S_2$

分子量：452.37

溶解性：易溶于水、甘油和丙二醇，微溶于乙醇，不溶于油脂[6]。

主要用途：着色剂[2]。

检验方法：GB 5009.35，GB/T 21916。

48. 肉桂醛

英文名：cinnamaldehyde

CAS 号：104-55-2。

结构式、分子式、分子量：

分子式：C_9H_8O

分子量：132.16

溶解性：几乎不溶于水（1g 可溶于700mL 水中），能溶于乙醇、乙醚、三氯甲烷和油脂等[6]。

主要用途：防腐剂[2]。

检验方法：暂无色谱和质谱的食品检测标准方法。

检测器：DAD，FID，MS（ESI，EI 源）。

光谱图：

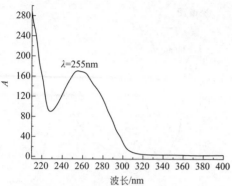

质谱图（ESI$^+$）：

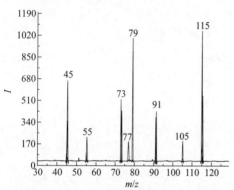

m/z 133＞115（定量离子对），m/z 133＞79。

49. 乳酸、乳酸钙、乳酸钠

英文名：lactic acid，calcium lactate，sodium lactate

CAS 号：50-21-5（乳 酸，lactic acid）、814-80-2（乳酸钙，calcium lactate）、312-85-6（乳酸钠，sodium lactate）。

结构式、分子式、分子量：

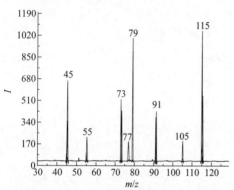

乳酸
分子式：$C_3H_6O_3$
分子量：90.08

乳酸钙
分子式：$C_6H_{10}CaO_6$
分子量：218.22

乳酸钠
分子式：$C_3H_5NaO_3$
分子量：112.06

溶解性：乳酸可溶于水和乙醇，稍溶于乙醚，不溶于三氯甲烷、石油醚、二硫化碳[6]；乳酸钙易溶于热水，几乎不溶于乙醇、乙醚和三氯甲烷[6]；乳酸钠能与水、乙醇互溶[5]。

主要用途：酸度调节剂（乳酸）；酸度调节剂、抗氧化剂、乳化剂、稳定剂和凝固剂、增稠剂（乳酸钙）；水分保持剂、酸度调节剂、抗氧化剂、膨松剂、增稠剂、稳定剂（乳酸钠）[2]。

检验方法：GB 5009.157。

检测器：DAD，FID，MS（ESI 源，EI 源）。

光谱图：

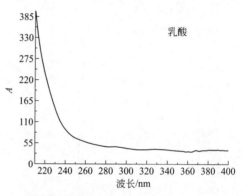

质谱图（ESI$^-$）：

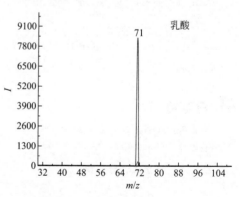

m/z 89＞71（定量离子对）。

50. 乳酸乙酯

英文名：ethyl lactate

CAS 号：97-64-3。

结构式、分子式、分子量：

分子式：$C_5H_{10}O_3$
分子量：118.13

溶解性：易溶于乙醇、乙醚、酮类、酯类、碳氢化合物和油类、能与水混溶并部分分解[5]。

主要用途：食品用合成香料[2]。

检验方法：GB/T 10345。

检测器：DAD，FID，MS（EI源）。

光谱图：

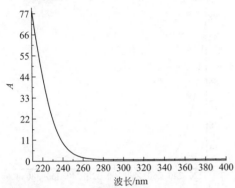

51. 三氯蔗糖（蔗糖素）

英文名：sucralose

CAS号：56038-13-2。

结构式、分子式、分子量：

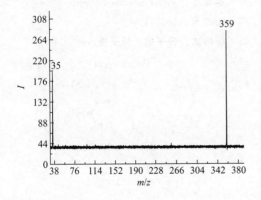

分子式：$C_{12}H_{19}Cl_3O_8$

分子量：397.63

溶解性：极易溶于水、乙醇和甲醇[7]。

主要用途：甜味剂[2]。

检验方法：GB/T 22255，DBS52/ 007。

检测器：ELSD，RID，CAD，MS（ESI源）。

质谱图（ESI⁻）：

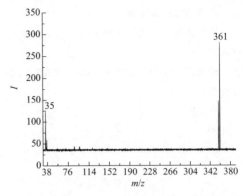

m/z 395＞359（定量离子对），m/z 397＞361。

液相色谱图：

色谱柱：Diamonsil C18（2）（150mm×4.6mm，5μm）；柱温：35℃；检测器：蒸发光散色检测器（ELSD），参数略；进样量：20μL；流速：1.0mL/min；流动相：A—水；B—乙腈；梯度洗脱。

时间/min	0	14	15	22	23	30
A/%	89	89	10	10	89	89
B/%	11	11	90	90	11	11

52. 山梨醇酐单月桂酸酯（司盘20）

英文名：sorbitan monolaurate

CAS号：1338-39-2。

结构式、分子式、分子量：

分子式：$C_{18}H_{34}O_6$

分子量：346.46

溶解性：可溶于乙醇、甲醇、乙醚、乙酸乙酯和石油醚等有机溶剂，不溶于水，可分散于热水中[7]。

主要用途：乳化剂[2]。

检验方法：暂无色谱和质谱的食品检测标准方法。

检测器：DAD，ELSD，RID，CAD，MS（ESI 源）。

光谱图：

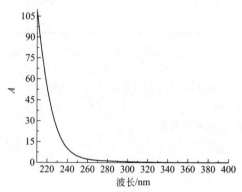

质谱图（ESI+）：

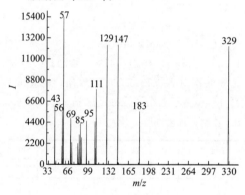

m/z 347＞147（定量离子对），m/z 347＞329。

53. 山梨醇酐单棕榈酸酯（司盘 40）

英文名：sorbitan monopalmitate

CAS 号：26266-57-9.

结构式、分子式、分子量：

分子式：C22H42O6
分子量：402.57

溶解性：溶于热的乙醇、乙醚、甲醇和四氯化碳，分散于温水和苯中，不溶于冷水和

丙酮[7]。

主要用途：乳化剂[2]。

检验方法：暂无色谱和质谱的食品检测标准方法。

检测器：DAD，ELSD，RID，CAD，MS（ESI 源）。

光谱图：

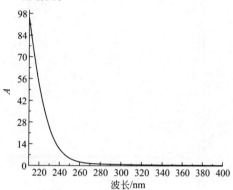

质谱图（ESI+）：

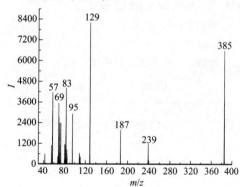

m/z 403＞129（定量离子对），m/z 403＞385。

54. 山梨醇酐单硬脂酸酯（司盘 60）

英文名：sorbitan monostearate

CAS 号：1338-41-6。

结构式、分子式、分子量：

分子式：C24H46O6
分子量：430.62

溶解性：溶于热的乙醇、乙醚、甲醇和四氯化碳，分散于温水和苯中，不溶于冷水和丙酮[7]。

主要用途：乳化剂[2]。

检验方法：暂无色谱和质谱的食品检测标准方法。

检测器：DAD，ELSD，RID，CAD，MS（ESI 源）。

光谱图：

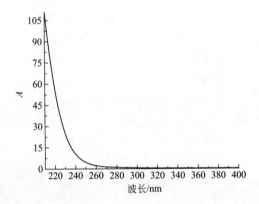

质谱图（ESI+）：

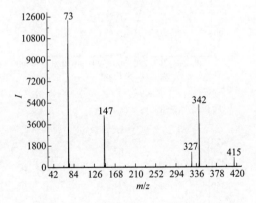

m/z 431＞73（定量离子对），m/z 431＞342。

55. 山梨醇酐三硬脂酸酯（司盘 65）

英文名：sorbitan tristearate

CAS 号：26658-19-5。

结构式、分子式、分子量：

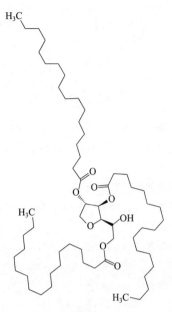

分子式：$C_{60}H_{114}O_8$
分子量：963.54

溶解性：难溶于甲苯、乙醚、四氯化碳和乙酸乙酯，不溶于水、甲醇和乙醇[7]。

主要用途：乳化剂[2]。

检验方法：暂无色谱和质谱的食品检测标准方法。

检测器：DAD，ELSD，RID，CAD。

光谱图：

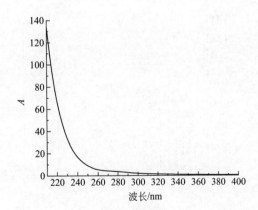

56. 山梨醇酐单油酸酯（司盘 80）

英文名：sorbitan monooleate

CAS 号：1338-43-8。

结构式、分子式、分子量：

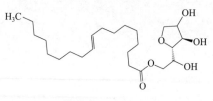

分子式：$C_{24}H_{44}O_6$

分子量：428.60

溶解性： 可溶于热乙醇、甲苯和四氯化碳等有机溶剂，不溶于水，但在热水中分散即成乳状溶液[7]。

主要用途： 乳化剂[2]。

检验方法： 暂无色谱和质谱的食品检测标准方法。

检测器： DAD，ELSD，RID，CAD，MS（ESI 源）。

光谱图：

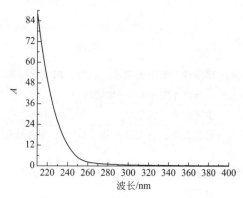

质谱图（ESI$^+$）：

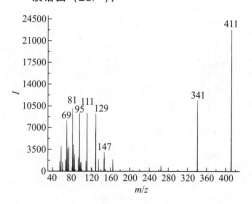

m/z 429＞411（定量离子对），m/z 429＞341。

57. 山梨酸及其钾盐

英文名： sorbic acid，potassium sorbate

CAS 号： 110-44-1（山梨酸），24634-61-5（山梨酸钾）。

结构式、分子式、分子量：

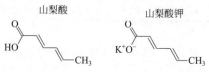

分子式：$C_6H_8O_2$　　分子式：$C_6H_7KO_2$

分子量：112.13　　分子量：150.22

溶解性： 山梨酸难溶于水，溶于多种有机试剂；山梨酸钾易溶于水，溶于乙醇[8]。

主要用途： 防腐剂、抗氧化剂、稳定剂[2]。

检验方法： GB 5009.28。

检测器： DAD，FID，MS（ESI 源，EI 源）。

光谱图：

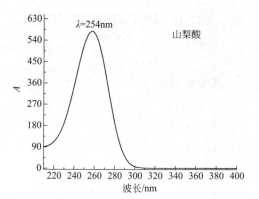

质谱图（ESI$^-$）：

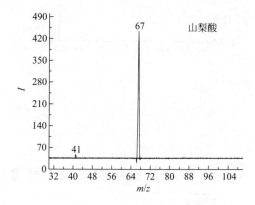

m/z 111＞67（定量离子对），m/z 111＞41。

58. D-生物素

英文名：D-biotin

CAS 号：58-85-5。

结构式、分子式、分子量：

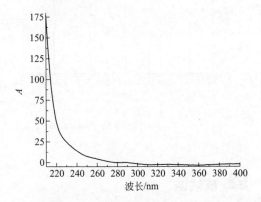

分子式：$C_{10}H_{16}N_2O_3S$
分子量：244.31

溶解性：溶于热水、乙醇和稀碱，微溶于乙醚和三氯甲烷，不溶于其他有机溶剂[8]。

主要用途：营养强化剂[9]。

检验方法：暂无色谱和质谱的食品检测标准方法。

检测器：DAD，MS（ESI 源）。

光谱图：

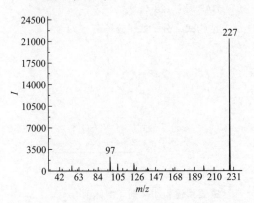

质谱图（ESI+）：

m/z 245＞227（定量离子对），m/z 245＞97。

59. 叔丁基-4-羟基苯甲醚（BHA）

英文名：butylated hydroxyanisole（BHA）

CAS 号：25013-16-5。

结构式、分子式、分子量：

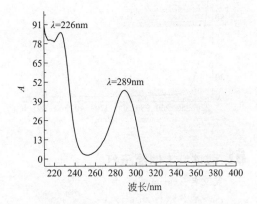

分子式：$C_{11}H_{16}O_2$
分子量：180.24

溶解性：易溶于乙醇、丙二醇和油脂，不溶于水[6]。

主要用途：抗氧化剂[2]。

检验方法：GB 5009.32，SN/T 1050，SN/T 3849，NY/T 1602。

检测器：DAD，FID，MS（ESI 源，EI 源）。

光谱图：

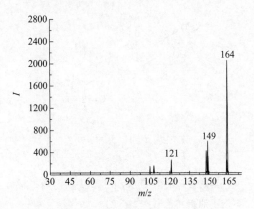

质谱图（ESI⁻）：

m/z 179＞164（定量离子对），m/z 179＞149。

60. 双乙酸钠（又名二乙酸钠）

英文名：sodium diacetate

CAS 号：126-96-5。

结构式、分子式、分子量：

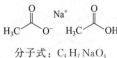

分子式：$C_4H_7NaO_4$
分子量：142.09

溶解性：可溶于水[6]。

主要用途：防腐剂[2]。

检验方法：GB/T 5009.277

检测器：DAD。

光谱图：

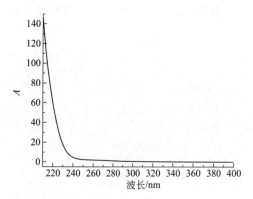

61. 酸性红（偶氮玉红）

英文名：carmoisine

CAS 号：3567-69-9。

结构式、分子式、分子量：

分子式：$C_{20}H_{12}N_2Na_2O_7S_2$
分子量：502.43

溶解性：易溶于水，溶于甘油，丙二醇，不溶于油脂和乙醚[6]。

主要用途：着色剂[2]。

检验方法：SN/T 1743。

检测器：DAD，MS（ESI 源）。

光谱图：

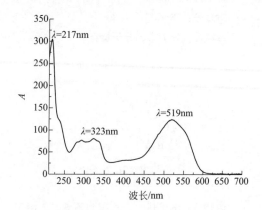

质谱图（ESI⁻）：

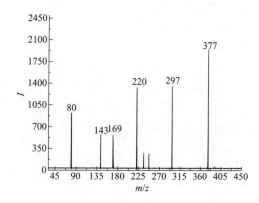

m/z 457＞377（定量离子对），m/z 457＞297。

62. 糖精钠

英文名：sodium saccharin

CAS 号：128-44-9。

结构式、分子式、分子量：

分子式：$C_7H_4NNaO_3S$
分子量：205.17

溶解性：易溶于水，略溶于乙醇[6]。

主要用途：甜味剂，增味剂[2]。

检验方法：GB 5009.28，SN/T 3538，DBS 52/ 007。

检测器：DAD，MS（ESI 源）。

光谱图：

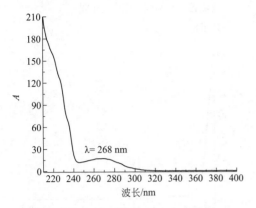

λ= 268 nm

质谱图（ESI⁻）：

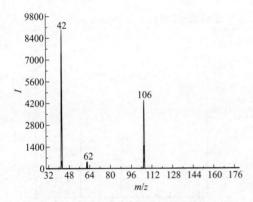

m/z 182＞42（定量离子对），m/z 182＞106。

63. 叔丁基对苯二酚（TBHQ）

英文名：tertiary butylhydroquinone（TBHQ）

CAS 号：1948-33-0。

结构式、分子式、分子量：

HO ——— OH

H₃C—C—CH₃

分子式：$C_{10}H_{14}O_2$

分子量：166.22

溶解性：易溶于乙醇和乙醚，可溶于油脂，不溶于水[6]。

主要用途：抗氧化剂[2]。

检验方法：GB 5009.32，GB/T 21512，SN/T 3849。

检测器：FID，DAD，MS（ESI 源，EI 源）。

光谱图：

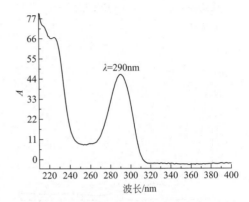

λ=290nm

质谱图（ESI⁻）：

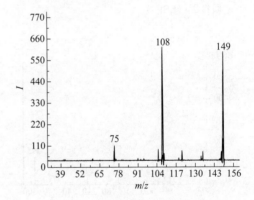

m/z 165＞108（定量离子对），m/z 165＞149。

64. L-α-天冬氨酰-N-（2,2,4,4-四甲基-3-硫化三亚甲基）-D 丙氨酰胺（阿力甜）

英文名：alitame

CAS 号：80863-62-3。

结构式、分子式、分子量：

分子式：$C_{14}H_{25}N_3O_4S$

分子量：331.43

溶解性：易溶于水、乙醇和丙二醇[6]。

主要用途：甜味剂[2]。

检验方法：GB 5009.263

检测器：DAD，MS（ESI 源）。

光谱图：

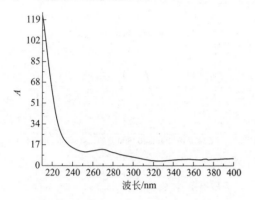

质谱图（ESI⁻）：

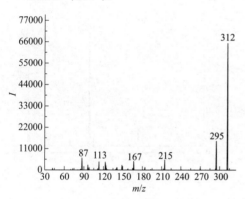

m/z 330＞312（定量离子对），m/z 330
＞295。

65. 天门冬酰苯丙氨酸甲酯（阿斯巴甜）

英文名：aspartame

CAS 号：22839-47-0。

结构式、分子式、分子量：

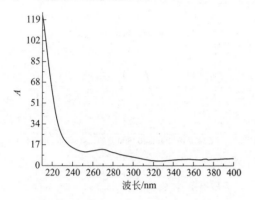

分子式：$C_{14}H_{18}N_2O_5$
分子量：294.30

溶解性：水（25℃）中溶解度为 10.20%；
甲醇、乙醇的溶解度分别为 3.72% 和 0.26%[6]。

主要用途：甜味剂[2]。

检验方法：GB 5009.263。

检测器：DAD，MS（ESI 源）。

光谱图：

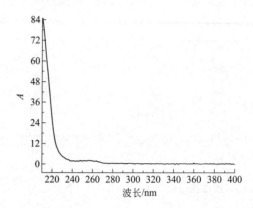

质谱图（ESI⁻）：

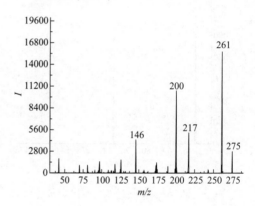

m/z 293＞261（定量离子对），m/z 293
＞200。

液相色谱图：

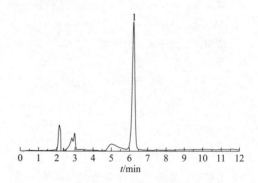

色谱柱：TC-C18（250mm × 4.6mm，5μm）；
柱温：30℃；检测波长：200nm；进样量：
10μL；流速：0.8mL/min；流动相：甲醇-水
（40：60，体积比）。

66. 脱氢乙酸及其钠盐

英文名：dehydroacetic acid,sodium dehydroacetate

CAS 号：520-45-6（脱氢乙酸，dehydroacetic acid），4418-26-2（脱氢乙酸钠，sodium dehydroacetate）。

结构式、分子式、分子量：

脱氢乙酸　　脱氢乙酸钠

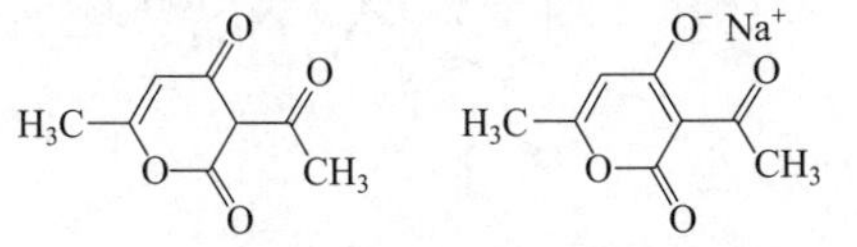

分子式：$C_8H_8O_4$　　分子式：$C_8H_7NaO_4$

分子量：168.15　　分子量：190.13

溶解性：脱氢乙酸易溶于固定碱的水溶液，难溶于水，1g 本品约溶于 35mL 乙醇和 5mL 丙酮[6]；脱氢乙酸钠易溶于水、丙二醇和甘油[7]。

主要用途：防腐剂[2]。

检验方法：GB 5009.121，GB/T 23377。

检测器：DAD，FID，MS（ESI 源，EI 源）。

光谱图：

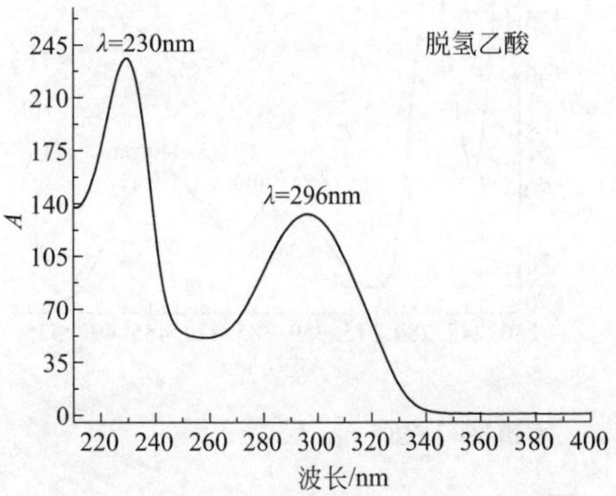

质谱图（ESI⁻）：

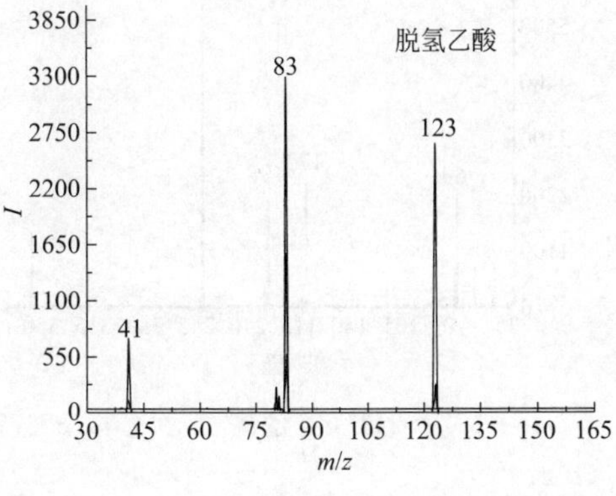

m/z 167＞83（定量离子对），m/z 167＞123。

67. 维生素 A（视黄醇）

英文名：vitamin A（retinol）

CAS 号：68-26-8。

结构式、分子式、分子量：

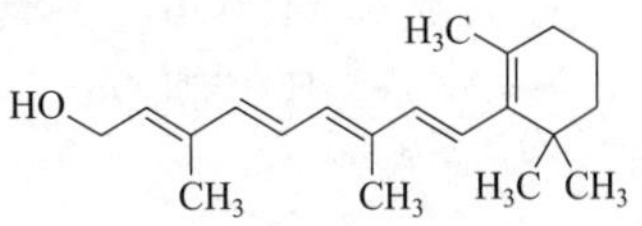

分子式：$C_{20}H_{30}O$

分子量：286.45

溶解性：不溶于水，易溶于油脂和有机溶剂[6]。

主要用途：营养强化剂[9]。

检验方法：GB 5009.82。

检测器：DAD，MS（ESI 源）。

光谱图：

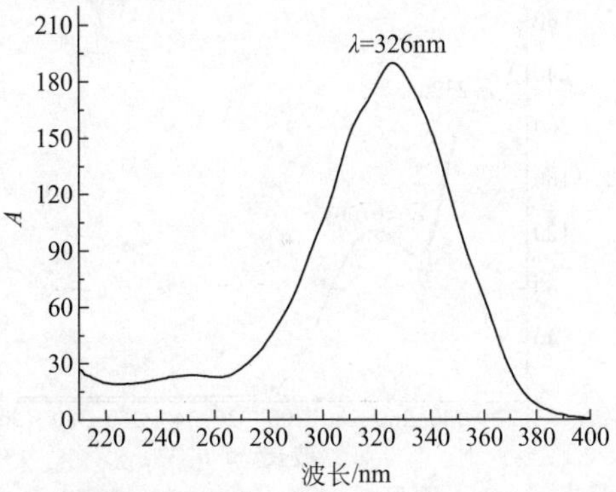

质谱图（ESI⁺）：

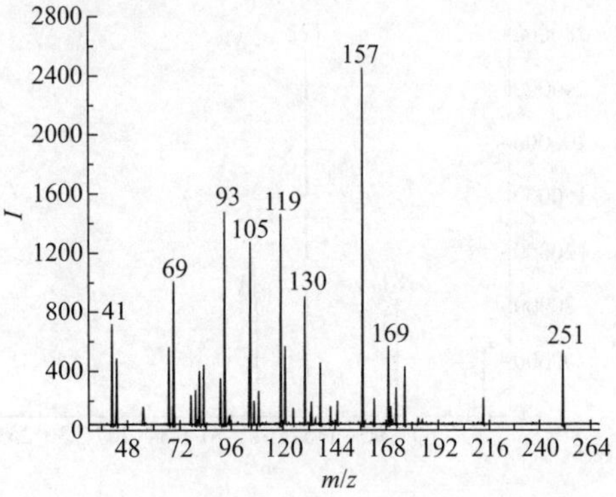

m/z 269＞157（定量离子对），m/z 269＞93。

68. 维生素 B₁（盐酸硫胺素）

英文名：vitamin B₁（thiamine hydrochloride）

CAS 号：67-03-8。

结构式、分子式、分子量：

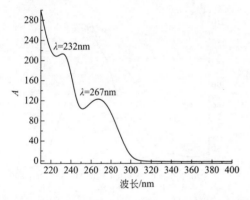

分子式：$C_{12}H_{18}Cl_2N_4OS$

分子量：337.27

溶解性：1g 盐酸硫胺素约可溶于 1mL 水和 100mL 乙醇中，可溶于甘油而不溶于乙醚和苯[6]。

主要用途：营养强化剂[9]。

检验方法：GB 5009.84，GB/T 5009.197。

检测器：DAD，FLD，MS（ESI 源）。

光谱图：

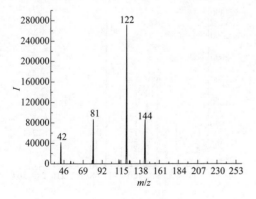

质谱图（ESI⁺）：

m/z 265＞122（定量离子对），m/z 265＞144。

69. 维生素 B₂（核黄素）

英文名：vitamin B₂（riboflavin）

CAS 号：83-88-5。

结构式、分子式、分子量：

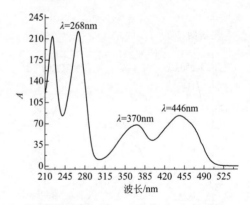

分子式：$C_{17}H_{20}N_4O_6$

分子量：376.36

溶解性：在水中溶解度低，在乙醇中溶解度更低，不溶于乙醚和三氯甲烷，极易溶于稀碱液，也易溶于 NaCl 溶液[6]。

主要用途：着色剂，营养强化剂[2,9]。

检验方法：GB 5009.85。

检测器：DAD，FLD，MS（ESI 源）。

光谱图：

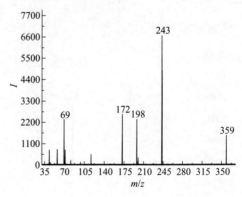

质谱图（ESI⁺）：

m/z 377＞243（定量离子对），m/z 377＞172。

70. 维生素 B₆

英文名：vitamin B₆

CAS 号：524-36-7（双盐酸吡哆胺，pyridoxamine dihydrochloride），58-56-0（盐酸吡哆醇，pyridoxine hydrochloride），65-22-5（盐酸吡哆醛，pyridoxal hydrochloride）。

结构式、分子式、分子量：

双盐酸吡哆胺

分子式：$C_8H_{14}Cl_2N_2O_2$
分子量：241.11

盐酸吡哆醇

分子式：$C_8H_{12}ClNO_3$
分子量：205.64

盐酸吡哆醛
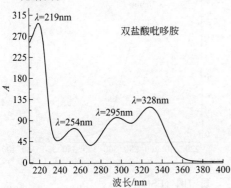
分子式：$C_8H_{10}ClNO_3$
分子量：203.62

溶解性：1g 约溶于 5mL 水和 10mL 乙醇，不溶于乙醚和三氯甲烷[6]。

主要用途：营养强化剂[9]。

检验方法：GB 5009.154。

检测器：FLD，DAD，MS（ESI 源）。

光谱图：

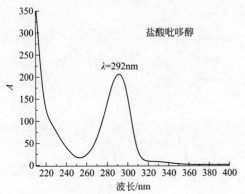

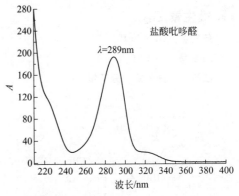

质谱图（ESI⁺）：

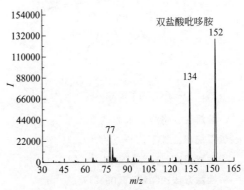

m/z 169>152（定量离子对），m/z 169>134。

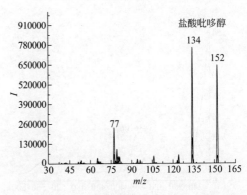

m/z 170>134（定量离子对），m/z 170>152。

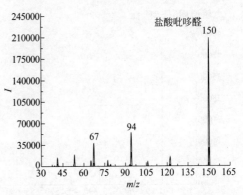

m/z 168>150（定量离子对），m/z 168>94。

71. 维生素 B₁₂

英文名：vitamin B$_{12}$

CAS 号：68-19-9。

结构式、分子式、分子量：

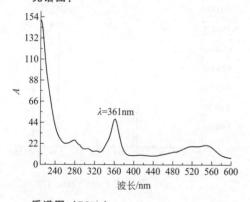

分子式：C$_{63}$H$_{88}$CoN$_{14}$O$_{14}$P

分子量：1355.37

溶解性：略溶于水和乙醇，不溶于丙酮、三氯甲烷和乙醚[6]。

主要用途：营养强化剂[9]。

检验方法：GB/T 5009.217。

检测器：DAD，MS（ESI 源）。

光谱图：

质谱图（ESI$^+$）：

m/z 679＞147（定量离子对），*m/z* 679＞359。

72. 维生素 D₂（麦角钙化醇）

英文名：vitamin D$_2$（ergocalciferol）

CAS 号：50-14-6。

结构式、分子式、分子量：

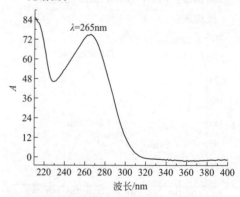

分子式：C$_{28}$H$_{44}$O

分子量：396.65

溶解性：不溶于水，略溶于植物油，易溶于乙醇、乙醚和丙酮，极易溶于三氯甲烷[6]。

主要用途：营养强化剂[9]。

检验方法：GB 5009.82。

检测器：DAD，MS（ESI 源）。

光谱图：

质谱图（ESI$^+$）：

m/z 398＞91（定量离子对），m/z 398＞58。

73. 维生素 D₃（胆钙化醇）

英文名：vitamin D₃（cholecalciferol）

CAS 号：67-97-0。

结构式、分子式、分子量：

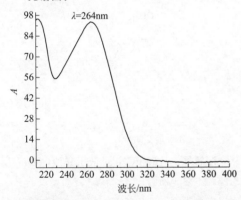

分子式：$C_{27}H_{44}O$

分子量：384.64

溶解性：不溶于水，略溶于植物油，极易溶于乙醇、丙酮和三氯甲烷[6]。

主要用途：营养强化剂[9]。

检验方法：GB 5009.82。

检测器：DAD，MS（ESI 源）。

光谱图：

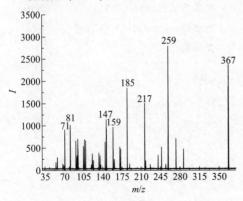

质谱图（ESI⁺）：

m/z 385＞259（定量离子对），m/z 385＞367。

74. 维生素 E

英文名：vitamin E

CAS 号：14638-18-7。

结构式、分子式、分子量：

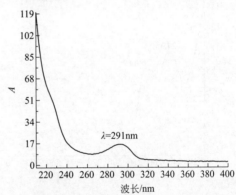

分子式：$C_{29}H_{50}O_2$

分子量：430.71

溶解性：不溶于水，可溶于脂肪、油、香精油和乙醇[6]。

主要用途：营养强化剂[9]。

检验方法：GB 5009.82。

检测器：DAD，FID，MS（ESI 源，EI 源）。

光谱图：

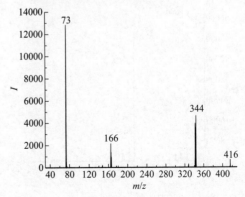

质谱图（ESI⁺）：

m/z 432＞73（定量离子对），m/z 432＞344。

75. 维生素 K₁（植物甲萘醌）

英文名：vitamin K₁（phylloquinone）

CAS 号：84-80-0。

结构式、分子式、分子量：

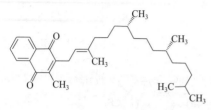

分子式：$C_{31}H_{46}O_2$

分子量：450.70

溶解性：易溶于三氯甲烷、乙醚和植物油，略溶于乙醇，不溶于水[6]。

主要用途：营养强化剂[9]。

检验方法：GB 5009.158。

检测器：DAD，FLD（还原），MS（ESI源）。

光谱图：

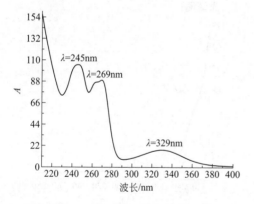

质谱图（ESI⁺）：

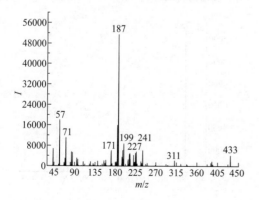

m/z 451＞187（定量离子对），m/z 451＞57。

液相色谱图：

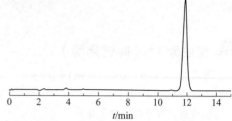

色谱柱：Diamonsil C18（2）（150mm×4.6mm，5μm）；锌粉还原柱 50mm×4.6mm——柱后衍生；柱温：室温；检测器：荧光检测器，激发波长：243nm，发射波长：430nm；进样量：10mL；流速：1.0mL/min；流动相：900mL 甲醇、100mL 二氯甲烷、0.3mL 冰乙酸、1.5g 氯化锌和 0.5g 无水乙酸钠溶解后用 0.45μm 滤膜过滤。

76. 苋菜红

英文名：amaranth

CAS 号：915-67-3。

结构式、分子式、分子量：

分子式：$C_{20}H_{11}N_2Na_3O_{10}S_3$

分子量：604.47

溶解性：易溶于水，可溶于甘油，微溶于乙醇，不溶于油脂[6]。

主要用途：着色剂[2]。

检验方法：GB 5009.35，GB/T 21916。

检测器：DAD，MS（ESI源）。

光谱图：

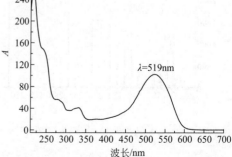

质谱图（ESI⁻）：

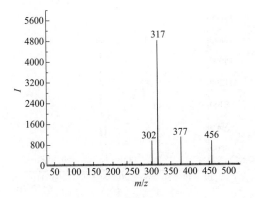

$m/z\ 537 > 317$（定量离子对），$m/z\ 537 > 377$。

77. 新红

英文名：new red

CAS 号：220658-76-4。

结构式、分子式、分子量：

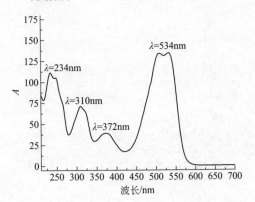

分子式：$C_{18}H_{12}N_3Na_3O_{11}S_3$
分子量：611.47

溶解性：易溶于水，微溶于乙醇，不溶于油脂[6]。

主要用途：着色剂[2]。

检验方法：GB 5009.35。

检测器：DAD，MS（ESI 源）。

光谱图：

质谱图（ESI⁻）：

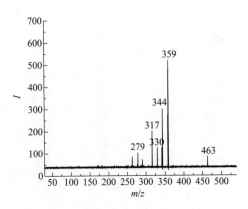

$m/z\ 544 > 359$（定量离子对），$m/z\ 544 > 344$。

78. 烟酸

英文名：nicotinic acid

CAS 号：59-67-6。

结构式、分子式、分子量：

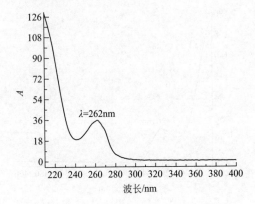

分子式：$C_6H_5NO_2$
分子量：123.11

溶解性：略溶于水，1g 烟酸可溶于约 60mL 水中，易溶于热水、热乙醇、苛性碱溶液和碳酸盐溶液中，几乎不溶于乙醚[6]。

主要用途：营养强化剂[9]。

检验方法：GB 5009.89。

检测器：DAD，MS（ESI 源）。

光谱图：

质谱图（ESI+）：

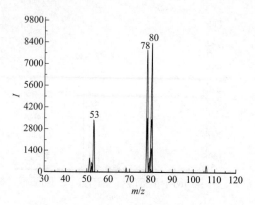

m/z 124＞80（定量离子对），m/z 124＞78。

79. 烟酰胺

英文名：nicotinamide

CAS 号：98-92-0。

结构式、分子式、分子量：

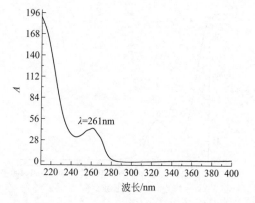

分子式：$C_6H_6N_2O$

分子量：122.12

溶解性：1g 本品溶于约 2mL 水、1.5mL 乙醇和约 10mL 甘油，易溶于丙酮、戊醇、三氯甲烷、丙二醇、丁醇，几乎不溶于乙醚和苯[6]。

主要用途：营养强化剂[9]。

检验方法：GB 5009.89。

检测器：DAD，MS（ESI 源）。

光谱图：

质谱图（ESI+）：

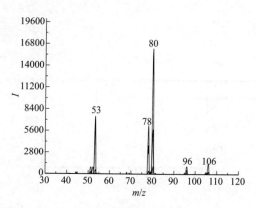

m/z 123＞80（定量离子对），m/z 123＞53。

80. 胭脂红

英文名：carmine

CAS 号：15876-47-8。

结构式、分子式、分子量：

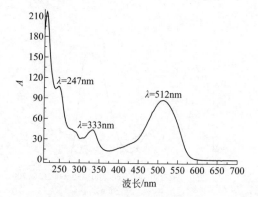

分子式：$C_{20}H_{14}AlN_2O_{10}S_3$

分子量：565.51

溶解性：易溶于水、甘油，难溶于乙醇，不溶于油脂[6]。

主要用途：着色剂[2]。

检验方法：GB 5009.35。

检测器：DAD，MS（ESI 源）。

光谱图：

质谱图（ESI⁻）：

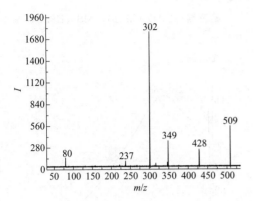

m/z 537＞302（定量离子对），m/z 537 ＞509。

81. 叶黄素

英文名：lutein

CAS 号：127-40-2。

结构式、分子式、分子量：

分子式：$C_{40}H_{56}O_2$
分子量：568.87

溶解性：不溶于水，溶于己烷等有机溶剂[12]。

主要用途：着色剂[2]。

检验方法：GB 5009.248。

检测器：DAD，MS（ESI 源，EI 源）。

光谱图：

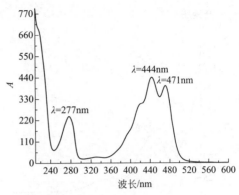

质谱图（ESI⁺）：

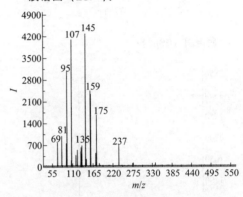

m/z 569＞145（定量离子对），m/z 569 ＞107。

82. 叶酸

英文名：folic acid

CAS 号：59-30-3。

结构式、分子式、分子量：

分子式：$C_{19}H_{19}N_7O_6$
分子量：441.40

溶解性：微溶于水（1mL 水约溶解 1.6g 叶酸），不溶于丙酮、乙醇、三氯甲烷和乙醚等有机溶剂，但溶于苛性碱和碳酸盐溶液[6]。

主要用途：营养强化剂[9]。

检验方法：暂无色谱和质谱的食品检测标准方法。

检测器：DAD，MS（ESI 源）。

光谱图：

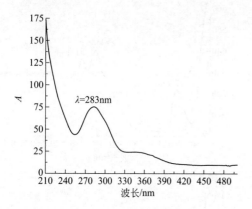

质谱图（ESI$^+$）：

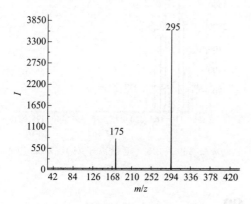

m/z 442＞295（定量离子对），m/z 442＞175。

83. 乙二胺四乙酸二钠

英文名：ethylenediaminetetraacetic acid disodium

CAS 号：139-33-3。

结构式、分子式、分子量：

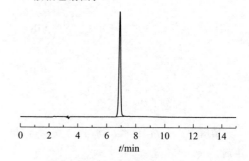

分子式：$C_{10}H_{14}N_2Na_2O_8$
分子量：336.21

溶解性：易溶于水，微溶于乙醇，难溶于乙醚[6]。

主要用途：稳定剂、凝固剂、抗氧化剂、防腐剂[2]。

检验方法：GB 5009.278，GB 5009.249，SN/T 3855。

检测器：DAD（络合），MS（ESI 源，络合）。

光谱图：

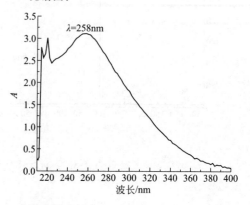

质谱图（ESI$^-$）：

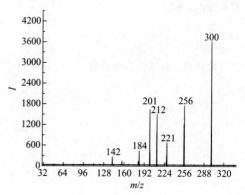

m/z 344＞300（定量离子对），m/z 344＞256。

液相色谱图：

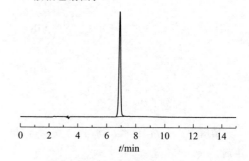

色谱柱：Diamonsil C18（2）（250mm×4.6mm，5μm）；柱温：35℃；检测波长：254nm；进样量：10μL；流速：0.8mL/min；流动相：甲醇-6.45g 四丁基溴化铵、2.46g 乙酸钠，溶于 1L 水中，加磷酸调节 pH 至 4.0（15∶85，体积比）。

84. 乙酸丁酯

英文名：butyl acetate

CAS 号：123-86-4。

结构式、分子式、分子量：

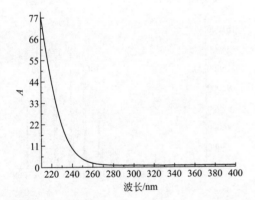

分子式：$C_6H_{12}O_2$
分子量：116.16

溶解性：能与乙醇和乙醚混溶，溶于大多数烃类化合物，溶于约 120 份水（25℃）[5]。

主要用途：食品用合成香料[2]。

检验方法：暂无色谱和质谱的食品检测标准方法。

检测器：DAD，FID，MS（EI 源）。

光谱图：

85. 乙酸戊酯

英文名：amyl acetate

CAS 号：628-63-7。

结构式、分子式、分子量：

分子式：$C_7H_{14}O_2$
分子量：130.18

溶解性：能与乙醇、乙醚、苯、三氯甲烷、二硫化碳等多数有机溶剂混溶，溶于大多数烃类化合物，溶于约 120 份水（25℃）[5]。

主要用途：食品用合成香料[2]。

检验方法：暂无色谱和质谱的食品检测标

准方法。

检测器：DAD，FID，MS（EI 源）。

光谱图：

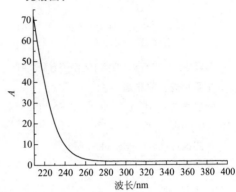

86. 乙酸乙酯

英文名：ethyl acetate

CAS 号：141-78-6。

结构式、分子式、分子量：

分子式：$C_4H_8O_2$
分子量：88.11

溶解性：能与乙醇、乙醚、三氯甲烷和丙酮混溶，溶于水（10%，体积比）[5]。

主要用途：食品用合成香料[2]。

检验方法：GB/T 10345。

检测器：DAD，FID，MS（EI 源）。

光谱图：

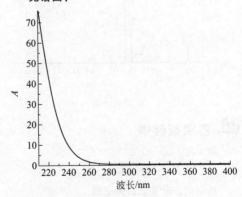

87. 乙酰磺胺酸钾（安赛蜜）

英文名：acesulfame potassium

CAS 号：55589-62-3。

结构式、分子式、分子量：

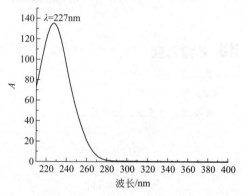

分子式：$C_4H_4KNO_4S$
分子量：201.24

溶解性：易溶于水，难溶于乙醇等有机试剂[6]。

主要用途：甜味剂[2]。

检验方法：GB/T 5009.140，SN/T 3538，DBS 52/007。

检测器：DAD，MS（ESI 源）。

光谱图：

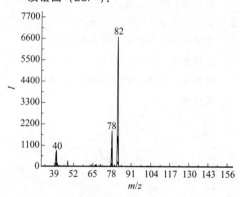

质谱图（ESI$^-$）：

m/z 162＞82（定量离子对），m/z 162＞78。

88. 乙氧基喹啉

英文名：ethoxyquin

CAS 号：91-53-2。

结构式、分子式、分子量：

分子式：$C_{14}H_{19}NO$
分子量：217.31

溶解性：不溶于水，可与乙醇任意混溶[6]。

主要用途：防腐剂[2]。

检验方法：GB/T 5009.129，SN/T 3856。

检测器：DAD，FLD（衍生），NPD，MS（ESI 源，EI 源）。

光谱图：

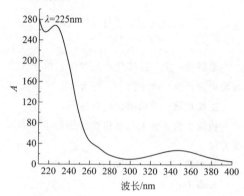

质谱图（ESI$^+$）：

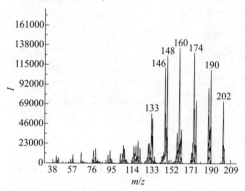

m/z 218＞160（定量离子对），m/z 218＞174。

89. 诱惑红

英文名：allura red

CAS 号：25956-17-6。

结构式、分子式、分子量：

分子式：$C_{18}H_{14}N_2Na_2O_8S_2$
分子量：496.42

溶解性：溶于水，可溶于甘油和丙二醇，微溶于乙醇，不溶于油脂[6]。

主要用途：着色剂[2]。

检验方法：GB 5009.141，SN/T 1743。

检测器：DAD，MS（ESI 源）。

光谱图：

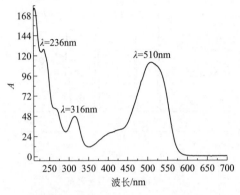

质谱图（ESI⁻）：

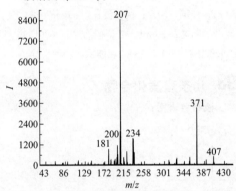

m/z 451＞207（定量离子对），m/z 451 ＞371。

90. α-藏花素

英文名：α-crocin

CAS 号：42553-65-1。

结构式、分子式、分子量：

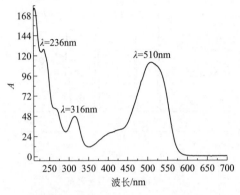

分子式：$C_{44}H_{64}O_{24}$
分子量：976.96

溶解性：易溶于热水，微溶于无水乙醇、乙醚和其他有机溶剂，不溶于油脂[12]。

主要用途：食用黄色色素[2]。

检验方法：GB 5009.149。

检测器：DAD，MS（ESI 源）。

光谱图：

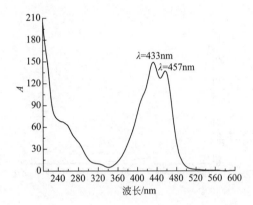

质谱图（ESI⁺）：

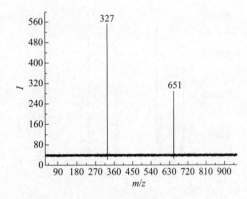

m/z 978＞327（定量离子对），m/z 978 ＞651。

91. 左旋肉碱（L-肉碱）

英文名：L-carnitine

CAS 号：541-15-1。

结构式、分子式、分子量：

分子式：$C_7H_{15}NO_3$
分子量：161.20

溶解性：易溶于水、乙醇、甘油和碱和无

机酸液，几乎不溶于丙酮和乙酸盐[7]。

主要用途：营养强化剂[9]。

检验方法：暂无色谱和质谱的食品检测标准方法。

检测器：DAD，MS（ESI 源）。

光谱图：

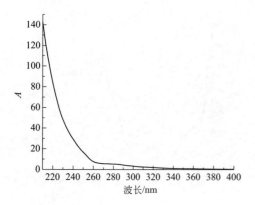

质谱图（ESI+）：

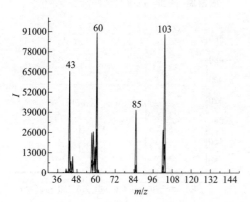

m/z 162＞60（定量离子对），m/z 162＞103

液相色谱图：

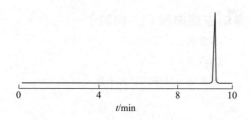

色谱柱：PLATISIL（铂金）ODS（250mm×4.6mm，5μm）；柱温：35℃；检测波长：215nm；进样量：10μL；流速：1.0mL/min；流动相：甲醇-含 5mmol/L 己烷磺酸钠的 0.1% 磷酸（10：90，体积比）。

92. 甜味剂和防腐剂

液相色谱图：

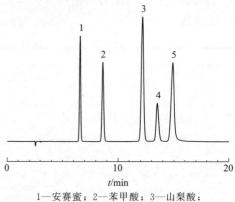

1—安赛蜜；2—苯甲酸；3—山梨酸；
4—糖精钠；5—脱氢乙酸

色谱柱：Silversil C18（250mm × 4.6mm，5μm）；柱温：30℃；检测波长：230nm；进样量：10μL；流速：1.0mL/min；流动相：0.01moL/L 乙酸铵溶液-甲醇（93：7，体积比）。

93. 儿茶素类化合物

液相色谱图：

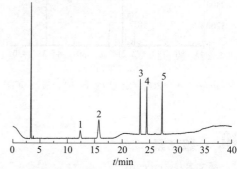

1—表没食子儿茶素（+EGC）；2—儿茶素（+C）；
3—表儿茶素（+EC）；4—表没食子儿茶素没食子酸酯（+EGCG）；5—表儿茶素没食子酸酯（+ECG）

色谱柱：TC-C18（250mm × 4.6mm，5μm）；柱温：35℃；检测波长：278nm；进样量：10μL；流速：1.0mL/min；流动相：A—90mL 乙腈＋20mL 冰乙酸＋2mL 乙二胺四乙酸二钠溶液（10mg/mL，现配），再用水定容至 1L；B—800mL 乙腈＋20mL 冰乙酸＋2mL 乙二胺四乙酸二钠溶液（10mg/mL，现配），再用水定容至 1L；梯度洗脱：

时间/min	0	10	25	35	36	40
A/%	100	100	68	68	100	100
B/%	0	0	32	32	0	0

94. 维生素 A 棕榈酸酯和 β-胡萝卜素

液相色谱图：

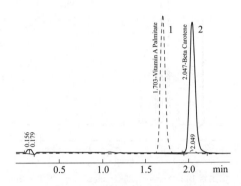

1—维生素 A 棕榈酸酯；2—β-胡萝卜素

色谱柱：RRHD Eclipse Plus C18（50mm×2.1mm，2.1μm）；柱温：40℃；检测波长：325（维生素 A 棕榈酸酯）和 460nm（β-胡萝卜素）；进样量：5μL；流速：1.0mL/min；流动相：甲醇（含 3.2g/L 乙酸铵）-乙腈（70：30，体积比）。

95. 有机酸化合物

液相色谱图：

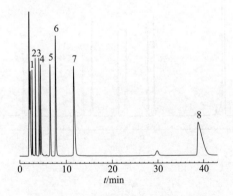

1—酒石酸；2—苹果酸；3—乳酸；4—乙酸；5—柠檬酸；6—富马酸；7—丙酸；8—丁酸

色谱柱：Suprsil C18（250mm×4.6mm，5μm）；柱温：30℃；检测波长：214nm；进样量：20μL；流速：1.0mL/min；流动相：25mmol/L 磷酸二氢钾水溶液（磷酸调 pH 至 2.5）。

96. 合成着色剂

液相色谱图：

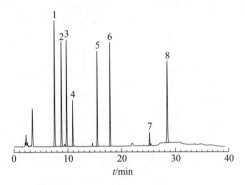

1—柠檬黄；2—新红；3—苋菜红；4—靛蓝；5—日落黄；6—诱惑红；7—亮蓝；8—赤藓红

色谱柱：Inspire C18（250mm×4.6mm，5μm）；柱温：35℃；检测波长：254nm；进样量：20μL；流速：1.0mL/min；流动相：A—乙腈，B—0.02mol/L 乙酸铵溶液；梯度洗脱：

时间/min	0	20	30	31	40
A/%	5	30	37	5	5
B/%	95	70	63	95	95

97. 抗氧化剂

液相色谱图：

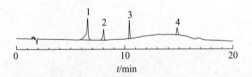

1—没食子酸丙酯；2—叔丁基对苯二酚；3—叔丁基-4-羟基苯甲醚；4—二丁基羟基甲苯

色谱柱：Diamonsil C18（2）（150mm×4.6mm，5μm）；柱温：30℃；检测波长：280nm；进样量：20μL；流速：1.0mL/min；流动相：A—甲醇，B—1%乙酸溶液；梯度洗脱。

时间/min	0.01	7	11	13	20
A/%	40	90	90	40	40
B/%	60	10	10	60	60

98. 5-羟甲基糠醛、糠醛和 5-甲基糠醛

液相色谱图：

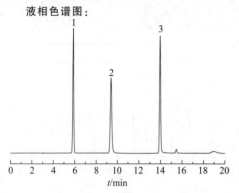

1—5-羟甲基糠醛；2—糠醛；3—5-甲基糠醛

色谱柱：Intersil ODS（250mm × 4.6mm，5μm）；柱温：40℃；检测波长：285nm；进样量 10μL；流速：1.0mL/min；流动相：A—0.02mol/L 乙酸铵（冰乙酸调 pH 至 3.5），B—甲醇。

时间/min	0	5	10	12	12.01
A/%	80	80	60	60	80
B/%	20	20	40	40	20

99. 维生素 A、D 和 E

液相色谱图：

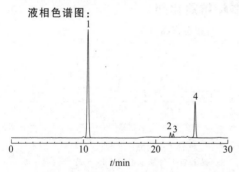

1—维生素 A；2—维生素 D_2；
3—维生素 D_3；4—维生素 E

色谱柱：Suprsil C18-EP（250mm × 4.6mm，5μm）；柱温：30℃；检测波长：0～14min：325nm，14～24.2min：264nm，24.2～30min：294nm，30～40min：325nm；进样量：20μL；流速：1.0mL/min；流动相：A—水，B—甲醇；梯度洗脱。

时间/min	0	13	13.1	26	26.1
A/%	10	10	0	0	10
B/%	90	90	100	100	90

100. 维生素 B 族

液相色谱图：

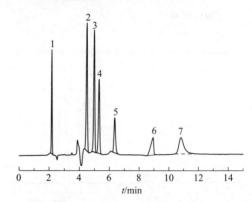

1—维生素 B_1；2—烟酸；3—烟酰胺；4—维生素 B_2；
5—维生素 B_6；6—维生素 B_{12}；7—叶酸

色谱柱：Inspire Hilic（250mm × 4.6mm，5μm）；柱温：30℃；检测波长：214nm；进样量：20μL；流速：1.0mL/min；流动相：乙腈-10mmol/L 乙酸铵（80：20，体积比）。

101. 二元醇和三元醇混合物

气相色谱图：

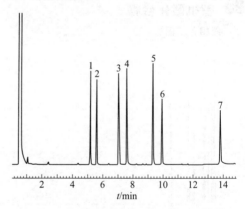

1—1,2-丙二醇；2—乙二醇；3—1,3-丁二醇；
4—1,3-丙二醇；5—1,4-丁二醇；
6—二甘醇；7—丙三醇

色谱柱：DM-WAX（30m × 0.53mm × 1μm）；升温程序：初始温度80℃，以 8℃/min 升温至 200℃，保持 10min；载气：He，恒定线速度：50cm/s；进样品温度：250℃；进样量：1.0μL；进样方式：不分流；隔垫吹扫：5.0mL/min；检测器：氢火焰离子化检测器（FID）；检测器温度：270℃。

102. 合成香料化合物

气相色谱图：

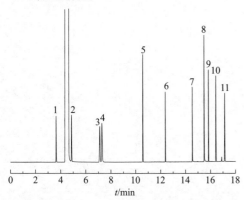

色谱柱：DB-FFAP（30m×0.25mm×0.25μm）；载气：氮气，流量1.0mL/min，纯度≥99.999%；燃气：氢气，流量40mL/min，纯度≥99.999%；助燃气：空气，流量400mL/min；进样方式：分流：分流比37∶1；进样口温度：220℃；升温程序：40℃（8min）—25℃/min—220℃（6min）；检测器温度：220℃；检测器：火焰离子化检测器FID；进样量：0.5μL。

1—乙酸乙酯；2—丙酸乙酯；3—丁酸乙酯；4—正丙醇；5—乙酸正戊酯；6—乳酸乙酯；7—3-甲硫基丙醇；8—β-苯乙醇；9—庚二酸二乙酯；10—辛二酸二乙酯；11—壬二酸二乙酯

参考文献

[1] GB 31620—2014 食品安全国家标准　食品添加剂 β-阿朴-8′-胡萝卜素醛.

[2] GB 2760—2014 食品添加剂使用卫生标准.

[3] 汪辉，曹阳，曹雄杰，等. 高效液相色谱法测定食品中的爱德万甜. 分析测试学报，2018，37(5)：635-638.

[4] 国家卫生计生委. 中华人民共和国国家卫生和计划生育委员会第 8 号公告. (2017-10-20)[2017-11-24]. http：//www. nhfpc. gov. cn/sps/s7890/201710/c4cc46c01005445f88ad169c8e820aee. shtml.

[5] 李云章，周嘉勋，方厚堃，等. 试剂手册. 第三版. 上海：上海科学技术出版公司. 2011.

[6] 中国食品添加剂生产应用工业协会. 食品添加剂手册. 北京：中国轻工业出版社. 1996.

[7] 凌关庭. 食品添加剂手册. 第三版. 北京：化学工业出版社，2003.

[8] 周公度. 化学辞典. 北京：化学工业出版社. 2003.

[9] GB 14880—2012 食品安全国家标准　食品营养强化剂使用标准.

[10] 美国药典委员会. 美国食品化学法典. 第 7 版. 北京：化学工业出版社，2014.

[11] GB 1886. 98—2016，食品添加剂 乳糖醇（又名 4-β-D 吡喃半乳糖-D-山梨醇）.

[12] 凌关庭，欧阳光，白洁，等. 天然食品添加剂手册. 北京：化学工业出版社，2000.

真菌毒素

1. 黄曲霉毒素 B₁

英文名：aflatoxin B₁

CAS 号：1162-65-8。

结构式、分子式、分子量：

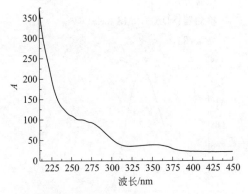

分子式：C₁₇H₁₂O₆
分子量：312.27

溶解性：溶于三氯甲烷、乙醇，微溶于水[1]。

真菌毒素，可能存在于部分食品中。

检验方法：GB 5009.22，SN/T 3136。

检测器：DAD，FLD，MS（ESI 源）。

光谱图：

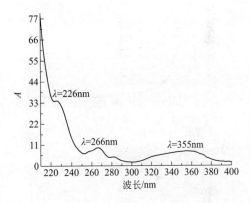

质谱图（ESI⁺）：

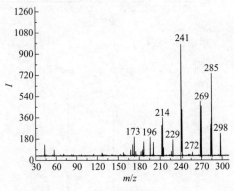

m/z 313＞241（定量离子对），*m/z* 313＞285。

2. 黄曲霉毒素 M₁

英文名：aflatoxin M₁

CAS 号：6795-23-9。

结构式、分子式、分子量：

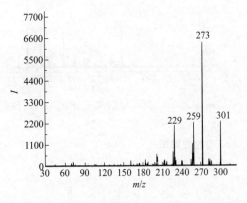

分子式：C₁₇H₁₂O₇
分子量：328.27

溶解性：溶于甲醇、乙醇和三氯甲烷[1]。

真菌毒素，可能存在于部分食品中。

检验方法：GB 5009.24。

检测器：DAD，FLD，MS（ESI 源）。

光谱图：

质谱图（ESI⁺）：

m/z 329＞273（定量离子对），*m/z* 329＞259。

3. 脱氧雪腐镰刀菌烯醇

英文名：deoxynivalenol

CAS 号：51481-10-8。

结构式、分子式、分子量：

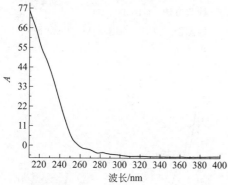

分子式：$C_{15}H_{20}O_6$
分子量：296.32

溶解性：溶于乙腈[2]。

真菌毒素，可能存在于部分食品中。

检验方法：GB 5009.111，SN/T 3137。

检测器：DAD，FLD，MS（ESI源）。

光谱图：

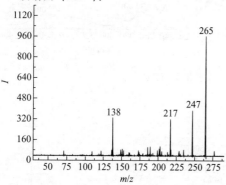

质谱图（ESI⁻）：

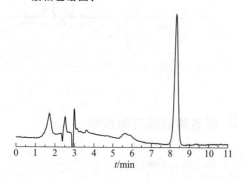

m/z 295＞265（定量离子对），m/z 295＞247。

液相色谱图：

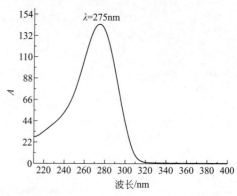

色谱柱：TC-C18（150mm×4.6mm，5μm）；柱温：35℃；检测波长：218nm；进样量：10μL；流速：0.8mL/min；流动相：甲醇-水（20：80，体积比）。

4. 展青霉素

英文名：patulin

CAS号：149-29-1。

结构式、分子式、分子量：

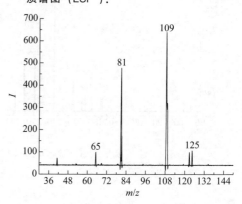

分子式：$C_7H_6O_4$
分子量：154.12

溶解性：易溶于乙酸乙酯和戊酸乙酯，溶于水和石油醚以外的常用有机溶剂[1]。

真菌毒素，可能存在于部分食品中。

检验方法：GB 5009.185。

检测器：DAD，MS（ESI源）。

光谱图：

$\lambda=275$nm

质谱图（ESI⁻）：

m/z 153＞109（定量离子对），m/z 153＞81。

液相色谱图：

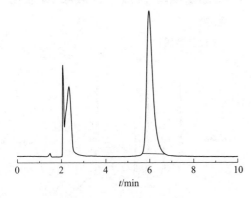

色谱柱：Diamonsil C18(2)（150mm×4.6mm，5μm）；柱温：40℃；检测波长：276nm；进样量：50μL；流速：0.8mL/min；流动相：5mmol/L乙酸铵溶液-乙腈（95:5，体积比）。

5. 赭曲霉毒素 A

英文名：ochratoxin A

CAS 号：303-47-9。

结构式、分子式、分子量：

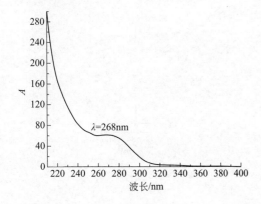

分子式：C_{20}H_{18}ClNO_6
分子量：403.81

溶解性：可溶于甲醇和乙腈[3]。

真菌毒素，可能存在于部分食品中。

检验方法：GB 5009.96，SN/T 3136。

检测器：DAD，FLD，MS（ESI源）。

光谱图：

质谱图（ESI⁻）：

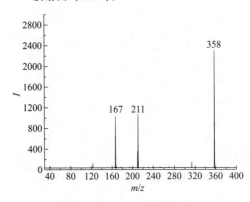

m/z 402＞358（定量离子对），m/z 402＞167。

液相色谱图：

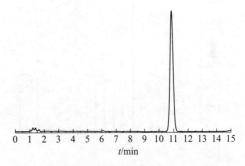

色谱柱：TC-C18（150mm×4.6mm，5μm）；柱温：35℃；检测器：荧光检测器；激发波长：333nm；发射波长：460nm；进样量：10μL；流速：1.0mL/min；流动相：乙腈-水-冰乙酸（48:51:1，体积比）。

6. 玉米赤霉烯酮

英文名：zearalenone

CAS 号：17924-92-4。

结构式、分子式、分子量：

分子式：C_{18}H_{22}O_5
分子量：318.36

溶解性：溶于乙腈[4]。

真菌毒素，可能存在于部分食品中。

检验方法：GB 5009.209，LS/T 6129。

检测器：DAD，FLD，MS（ESI源）。

光谱图：

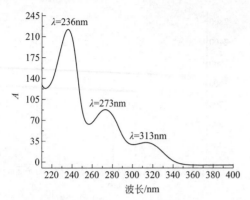

质谱图（ESI⁻）：

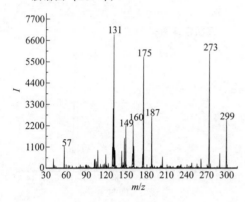

m/z 317＞131（定量离子对），m/z 317＞273。

7. 黄曲霉毒素 B 族、G 族和 M 族化合物

液相色谱图：

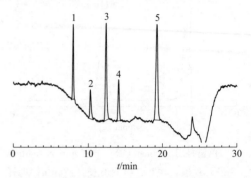

1—黄曲霉毒素 M_1；2—黄曲霉毒素 G_1；3—黄曲霉毒素 B_1；4—黄曲霉毒素 G_2；5—黄曲霉毒素 B_2

色谱柱：Diamonsil C18(2)（250mm×4.6mm，5μm）；柱温：30℃；荧光检测器：激发波长：365nm；发射波长：435nm；进样量：20μL；流速：1.0mL/min；流动相：A—水，B—含异丙醇的乙腈溶液（3∶2，体积比）；梯度洗脱：

时间/min	0	5	15	20	21	30
A/%	90	80	80	60	90	90
B/%	10	20	20	40	10	10

参考文献

[1] 李云章，周嘉勋，方厚堃，等. 试剂手册. 第三版. 上海：上海科学技术出版公司. 2011.

[2] GB 5009.111—2016 食品安全国家标准 食品中脱氧雪腐镰刀菌烯醇及其乙酰化衍生物的测定.

[3] GB 5009.96—2016 食品安全国家标准 食品中赭曲霉毒素 A 的测定.

[4] GB 5009.209—2016 食品安全国家标准 食品中玉米赤霉烯酮的测定.

农药残留

1. 阿维菌素 B1a

英文名：abamectin B1a

CAS 号：65195-55-3。

结构式、分子式、分子量：

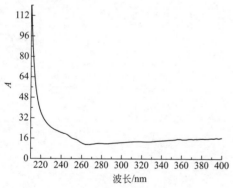

分子式：$C_{48}H_{72}O_{14}$
分子量：873.08

溶解性（g/L，21℃）：水（7～10）$\times 10^{-6}$，甲苯 350，丙酮 100，异丙醇 70，三氯甲烷 25，乙醇 20，甲醇 19.5，正丁醇 10，环己烷 6[1]。

主要用途：杀虫剂[2]。

检验方法：GB 23200.19，GB 23200.20，NY/T 1379。

检测器：DAD，MS（ESI 源）。

光谱图：

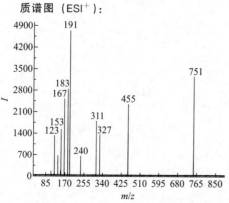

质谱图（ESI+）：

m/z 895＞191（定量离子对），m/z 895 ＞751。

2. 百草枯二氯盐

英文名：paraquat dichloride

CAS 号：1910-42-5。

结构式、分子式、分子量：

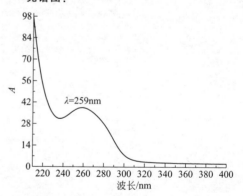

分子式：$C_{12}H_{14}Cl_2N_2$
分子量：257.16

溶解性（g/L，21℃）：极易溶于水，微溶于丙酮、甲醇和乙醇，不溶于烃类等多数有机溶剂[3]。

主要用途：除草剂[2]。

检验方法：SN/T 0293，DB 22/T 1622，DB 22/T 1627。

检测器：DAD，NPD（还原），MS（ESI 源，EI 源）。

光谱图：

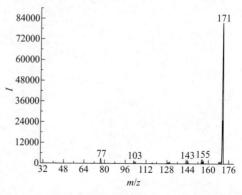

质谱图（ESI+）：

m/z 186＞171（定量离子对），m/z 186＞77。

3. 百菌清

英文名：chlorothalonil

CAS 号：1897-45-6。

结构式、分子式、分子量：

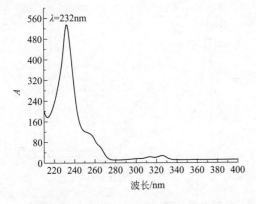

分子式：$C_8Cl_4N_2$

分子量：265.91

溶解性（g/L，21℃）：水 6×10^{-6}，二甲苯 80，丙酮 100，异丙醇 70，环己酮、二甲基甲酰胺 30，煤油 $\leqslant10$[3]。

主要用途：杀菌剂[2]。

检验方法：GB/T 5009.105，SN/T 2320，NY/T 761。

检测器：DAD，ECD，MS（ESI 源，EI 源）。

光谱图：

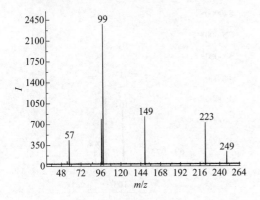

m/z 267＞99（定量离子对），m/z 267＞149。

4. 倍硫磷

英文名：fenthion

CAS 号：55-38-9。

结构式、分子式、分子量：

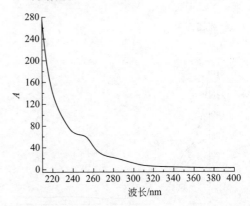

分子式：$C_{10}H_{15}O_3PS_2$

分子量：278.33

溶解性：易溶于甲醇、乙醇、甲苯、二甲苯、丙酮、氯化烃和脂肪油等有机试剂，难溶于石油醚，水中溶解度为 $54\sim56$（mg/L）[4]。

主要用途：杀虫剂[2]。

检验方法：GB 23200.8，GB 23200.113，GB/T 5009.145，NY/T 761。

检测器：DAD，NPD，FPD，MS（ESI 源，EI 源）。

光谱图：

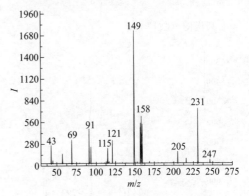

m/z 279＞149（定量离子对），m/z 279＞231。

5. 苯醚甲环唑

英文名：difenoconazole

CAS 号：119446-68-3。

结构式、分子式、分子量：

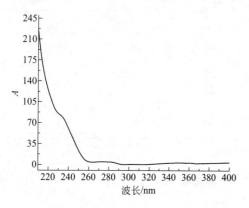

分子式：$C_{19}H_{17}Cl_2N_3O_3$

分子量：406.26

溶解性：水（mg/L，25℃）中溶解度 15，其他溶剂中溶解度（g/L，25℃）：乙醇 330，丙酮 610，甲苯 490，正己烷 3.4，正辛醇 95[5]。

主要用途：杀菌剂[2]。

检验方法：GB 23200.8，GB 23200.49，GB 23200.113，GB/T 5009.218。

检测器：DAD，ECD，MS（ESI 源，EI 源，NCI 源）。

光谱图：

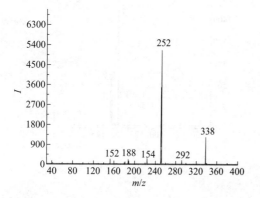

质谱图（ESI+）：

m/z 407＞252（定量离子对），m/z 407＞338。

6. 苯酰菌胺

英文名：zoxamide

CAS 号：156052-68-5。

结构式、分子式、分子量：

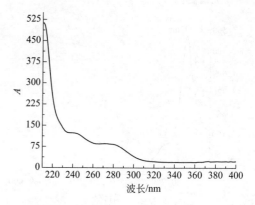

分子式：$C_{14}H_{16}Cl_3NO_2$

分子量：336.64

溶解性（mg/L，20℃）：水 0.681[5]。

主要用途：杀菌剂[2]。

检验方法：GB 23200.8，GB/T 20769。

检测器：DAD，MS（ESI 源，EI 源）。

光谱图：

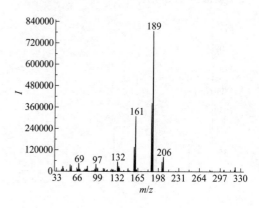

质谱图（ESI+）：

m/z 338＞189（定量离子对），m/z 338＞161。

7. 吡虫啉

英文名：imidacloprid

CAS 号：105827-78-9。

结构式、分子式、分子量：

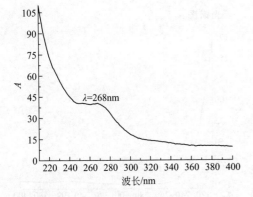

分子式：C$_9$H$_{10}$ClN$_5$O$_2$

分子量：255.66

溶解性（g/L，21℃）：己烷＜0.1，异丙醇 1～2，水 0.5[4]。

主要用途：杀虫剂[2]。

检验方法：GB/T 20769，GB/T 20770，GB/T 23379，SN/T 1017.8，NY/T 1275。

检测器：DAD，NPD，MS（ESI 源，EI 源）。

光谱图：

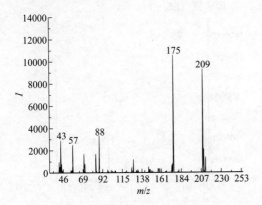

质谱图（ESI$^+$）：

m/z 256＞175（定量离子对），m/z 256＞209。

8. 吡蚜酮

英文名：pymetrozine

CAS 号：123312-89-0。

结构式、分子式、分子量：

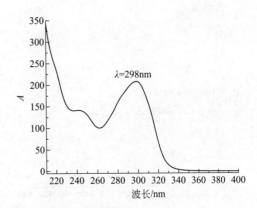

分子式：C$_{10}$H$_{11}$N$_5$O

分子量：217.23

溶解性：可溶于甲醇。

主要用途：杀虫剂[2]。

检验方法：GB 23200.12，GB 23200.13，GB/T 20770，SY/T 3860。

检测器：DAD，MS（ESI 源，EI 源）。

光谱图：

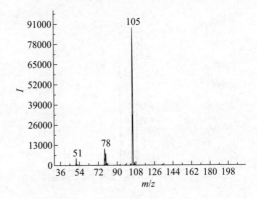

质谱图（ESI$^+$）：

m/z 218＞105（定量离子对），m/z 218＞78。

9. 吡唑醚菌酯

英文名：pyraclostrobine

CAS 号：175013-18-0。

结构式、分子式、分子量：

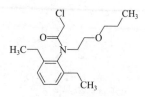

分子式：$C_{19}H_{18}ClN_3O_4$

分子量：387.82

溶解性（mg/L，20℃）：水 1.9[5]。

主要用途：杀菌剂[2]。

检验方法：GB 23200.8，GB 23200.113，GB/T 20769，GB/T 20770。

检测器：DAD，ECD，MS（ESI 源，EI 源）。

光谱图：

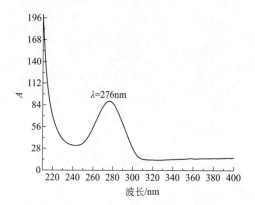

质谱图（ESI+）：

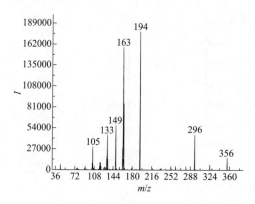

m/z 388＞194（定量离子对），m/z 388＞163。

10. 丙草胺

英文名：pretilachlor

CAS 号：51218-49-6。

结构式、分子式、分子量：

分子式：$C_{17}H_{26}ClNO_2$

分子量：311.85

溶解性：水（mg/L，20℃）中溶解度为 50，易溶于大多数有机溶剂[4]。

主要用途：除草剂[2]。

检验方法：GB 23200.8，GB 23200.13，GB 23200.24，GB 23200.113。

检测器：DAD，ECD，MS（ESI 源，EI 源）。

光谱图：

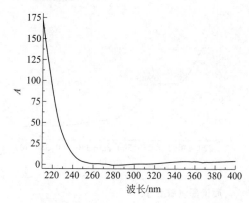

质谱图（ESI+）：

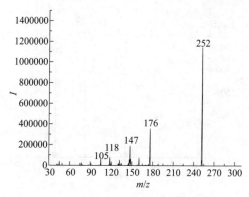

m/z 312＞252（定量离子对），m/z 312＞176。

11. 丙环唑

英文名：propiconazole

CAS 号：60207-90-1。

结构式、分子式、分子量：

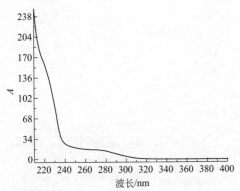

分子式：C₁₅H₁₇Cl₂N₃O₂

分子量：342.22

溶解性：能与丙酮、甲醇、异丙醇等大多数有机溶剂互溶，水（mg/L，20℃）中溶解度为110[4]。

主要用途：杀菌剂[2]。

检验方法：GB 23200.8，GB 23200.9，GB 23200.113，GB/T 20769，GB/T 20770，SN/T 0519。

检测器：DAD，ECD，MS（ESI 源，EI 源）。

光谱图：

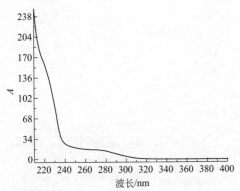

质谱图（ESI⁺）：

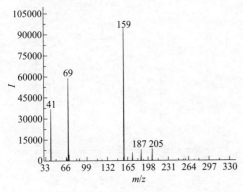

m/z 342＞159（定量离子对），m/z 342＞69。

12. 丙炔氟草胺

英文名：flumioxazin

CAS 号：103361-09-7。

结构式、分子式、分子量：

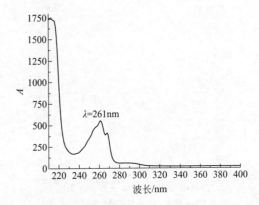

分子式：C₁₉H₁₅FN₂O₄

分子量：354.33

溶解性：水（g/L，25℃）中溶解度为1.79，溶于有机溶剂[6]。

主要用途：除草剂[2]。

检验方法：GB 23200.8，GB 23200.31。

检测器：DAD，MS（ESI 源，EI 源）。

光谱图：

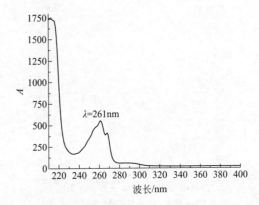

质谱图：

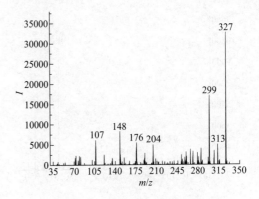

m/z 355＞327（定量离子对），m/z 355＞299。

13. 丙溴磷

英文名：profenofos

CAS 号：41198-08-7。

结构式、分子式、分子量：

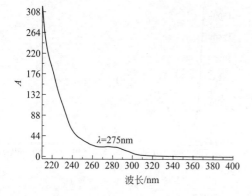

分子式：$C_{11}H_{15}BrClO_3PS$

分子量：373.63

溶解性：水（mg/L，20℃）中溶解度为20，能与许多有机溶剂互溶[4]。

主要用途：杀虫剂[2]。

检验方法：GB 23200.8，GB 23200.13，GB 23200.113，GB/T 20770，NY/T 761，SN/T 2234。

检测器：DAD，FPD，ECD，MS（ESI源，EI源，NCI源）。

光谱图：

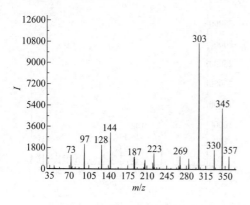

质谱图（ESI$^+$）：

m/z 373＞303（定量离子对），m/z 373＞345。

14. 草甘膦

英文名：glyphosate

CAS 号：1071-83-6。

结构式、分子式、分子量：

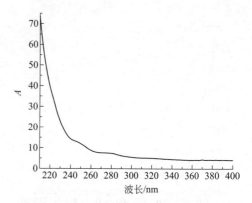

分子式：$C_3H_8NO_5P$

分子量：169.07

溶解性：水（g/L，25℃）水中溶解度为12，难溶于一般有机溶剂[4]。

主要用途：除草剂[2]。

检验方法：GB/T 23750，SN/T 1923，NY/T 1096。

检测器：FLD（衍生），ECD（衍生），NPD（衍生），MS（ESI源，衍生（ESI源，EI源）。

光谱图：

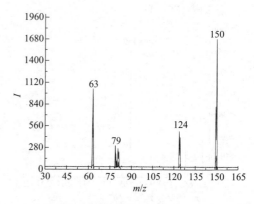

质谱图（ESI$^-$）：

m/z 168＞150（定量离子对），m/z 168＞63。

15. 虫螨腈

英文名：chlorfenapyr

CAS 号：122453-73-0。

结构式、分子式、分子量：

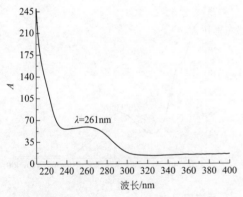

分子式：$C_{15}H_{11}BrClF_3N_2O$

分子量：407.61

溶解性：能溶于丙酮、乙醚、二甲亚砜、四氢呋喃、乙腈、醇类等有机试剂，不溶于水[4]。

主要用途：杀虫剂[2]。

检验方法：GB 23200.8，GB/T 23204，SN/T 1986，NY/T 1379。

检测器：DAD，ECD，MS（ESI 源，EI 源，NCI 源）。

光谱图：

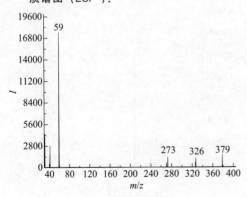

质谱图（ESI⁺）：

m/z 409＞59（定量离子对），m/z 409＞379。

16. 虫酰肼

英文名：tebufenozide

CAS 号：112410-23-8。

结构式、分子式、分子量：

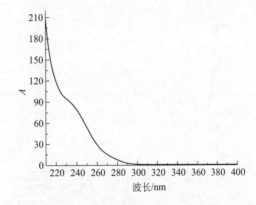

分子式：$C_{22}H_{28}N_2O_2$

分子量：352.47

溶解性：水（mg/L，25℃）中溶解度为1，微溶于有机溶剂[4]。

主要用途：杀虫剂[2]。

检验方法：GB 23200.34，GB/T 20769，GB/T 20770，GB/T 23211。

检测器：DAD，MS（ESI 源）。

光谱图：

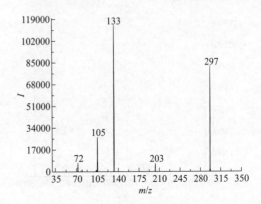

质谱图（ESI⁺）：

m/z 353＞133（定量离子对），m/z 353＞297。

17. 除虫脲

英文名：diflubenzuron

CAS 号：35367-38-5。

结构式、分子式、分子量：

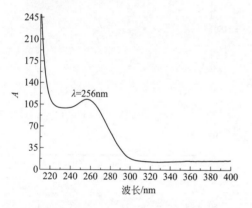

分子式：$C_{14}H_9ClF_2N_2O_2$

分子量：310.68

溶解性：易溶于乙腈、二甲基亚砜，可溶于乙酸乙酯、乙醇、二氯甲烷，稍溶于乙醚、苯、石油醚，在丙酮中溶解度为 6.5g/L，水中为 0.1mg/L[4]。

主要用途：杀虫剂[2]。

检验方法：GB/T 5009.147，NY/T 1720。

检测器：DAD，MS（ESI 源）。

光谱图：

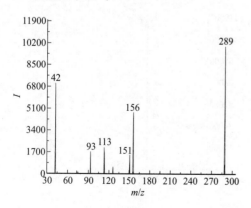

质谱图（ESI⁻）：

m/z 309＞289（定量离子对），m/z 309＞156。

18. 哒螨灵

英文名：pyridaben

CAS 号：96489-71-3。

结构式、分子式、分子量：

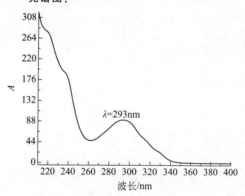

分子式：$C_{19}H_{25}ClN_2OS$

分子量：364.93

溶解性：丙酮 460g/L，二甲苯 390g/L，苯 110g/L，正辛醇 63g/L，乙醇 57g/L，环己烷 320g/L，己烷 10g/L，水 0.012mg/L[4]。

主要用途：杀螨剂[2]。

检验方法：GB 23200.8，GB 23200.9，GB 23200.113，GB/T 20769，GB/T 23204，SN/T 2432。

检测器：DAD，ECD，MS（ESI 源，EI 源）

光谱图：

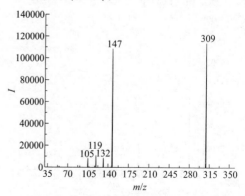

质谱图（ESI⁺）：

m/z 365＞309（定量离子对），m/z 365＞147。

19. 敌百虫

英文名：trichlorfon

CAS 号：52-68-6。

结构式、分子式、分子量：

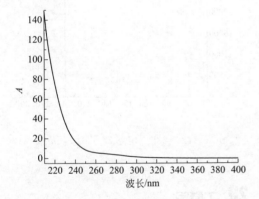

分子式：$C_4H_8Cl_3O_4P$

分子量：257.44

溶解性：可溶于苯、乙醇、三氯甲烷、甲醇等多种有机溶剂，微溶于四氯化碳，不溶于石油[4]。

主要用途：杀虫剂[2]。

检验方法：GB/T 20769，GB/T 20770，NY/T 761。

检测器：DAD，FPD，NPD，MS（ESI源，EI源）。

光谱图：

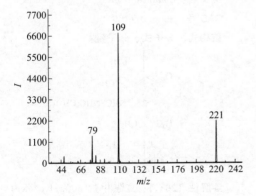

m/z 257＞109（定量离子对），m/z 257＞221。

20. 敌敌畏

英文名：dichlorvos

CAS 号：62-73-7。

结构式、分子式、分子量：

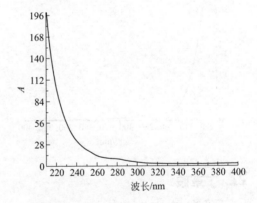

分子式：$C_4H_7Cl_2O_4P$

分子量：220.98

溶解性：能溶于苯、二甲苯等大多数有机溶剂，不溶于石油醚、煤油，水中溶解度约 0.6%～1%[4]。

主要用途：杀虫剂[2]。

检验方法：GB 23200.8，GB 23200.113，GB/T 5009.20，SN/T 2324，NY/T 761。

检测器：DAD，FPD，MS（ESI源，EI源）。

光谱图：

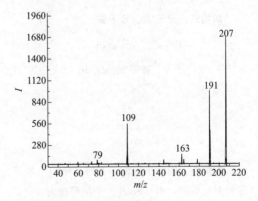

m/z 223＞207（定量离子对），m/z 223＞191。

21. 狄氏剂

英文名：dieldrin

CAS 号：60-57-1。

结构式、分子式、分子量：

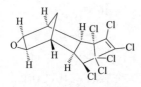

分子式：$C_{12}H_8Cl_6O$
分子量：380.91

溶解性：可溶于苯[7]。

主要用途：杀虫剂[2]。

检验方法：GB 23200.113，GB/T 5009.19，GB/T 5009.162，NY/T 761。

检测器：DAD，ECD，MS（EI 源）。

光谱图：

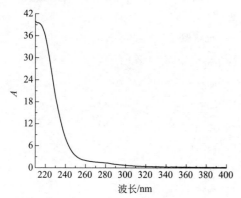

22. 丁草胺

英文名：machette

CAS 号：23184-66-9。

结构式、分子式、分子量：

H₃C

分子式：$C_{17}H_{26}ClNO_2$
分子量：311.85

溶解性：能溶于丙酮、乙醇、甲醇、苯等多种有机溶剂，水（mg/L）中溶解度为2[4]。

主要用途：除草剂[2]。

检验方法：GB 23200.8，GB 23200.9，GB 23200.13，GB 23200.113，GB/T 5009.164，GB/T 20770。

检测器：DAD，ECD，MS（ESI 源，EI 源）。

光谱图：

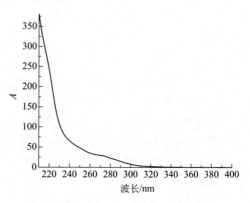

质谱图（ESI⁺）：

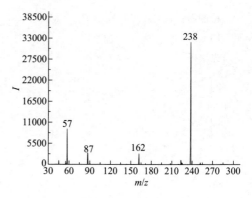

m/z 312＞238（定量离子对），m/z 312＞57。

23. 丁醚脲

英文名：diafenthiuron

CAS 号：80060-09-9。

结构式、分子式、分子量：

分子式：$C_{23}H_{32}N_2OS$
分子量：384.58

溶解性（20℃）：二氯甲烷 600g/L，环丙酮 380g/L，甲苯 320g/L，丙酮 280g/L，二甲苯 210g/L，己烷 8g/L，水 0.05mg/L[4]。

主要用途：杀虫剂/杀螨剂[2]。

检验方法：GB 23200.13。

检测器：DAD，MS（ESI 源）。

光谱图：

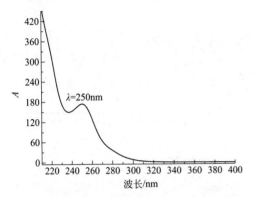

质谱图（ESI+）：

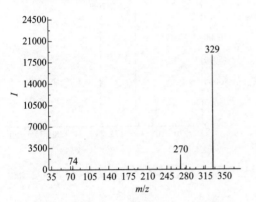

m/z 385＞329（定量离子对），m/z 385＞270。

GB/T 23584。

检测器：DAD，ECD，MS（ESI 源，EI 源）。

光谱图：

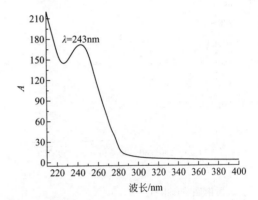

质谱图：

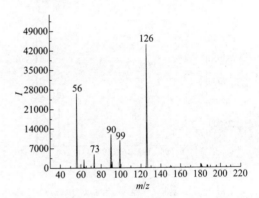

m/z 223＞126（定量离子对），m/z 223＞56。

24. 啶虫脒

英文名：acetamiprid

CAS 号：135410-20-7。

结构式、分子式、分子量：

分子式：$C_{10}H_{11}ClN_4$
分子量：222.67

溶解性：易溶于丙酮、甲醇、乙醇、二氯甲烷、三氯甲烷、乙腈、四氢呋喃，水（mg/L，25℃）中溶解度为4200[4]。

主要用途：杀虫剂[2]。

检验方法：GB/T 20769，GB/T 20770，

25. 啶酰菌胺

英文名：boscalid

CAS 号：188425-85-6。

结构式、分子式、分子量：

分子式：$C_{18}H_{12}Cl_2N_2O$
分子量：343.21

溶解性：可溶于甲醇[8]。

主要用途：杀菌剂[2]。

检验方法：GB 23200.50，GB 23200.68，

GB/T 20769，GB/T 22979。

检测器：DAD，ECD，MS（ESI 源）。

光谱图：

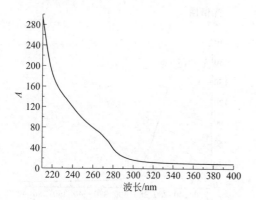

质谱图（ESI⁺）：

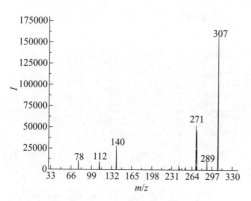

m/z 343＞307（定量离子对），m/z 343＞271。

26. 啶氧菌酯

英文名：picoxystrobin

CAS 号：117428-22-5。

结构式、分子式、分子量：

分子式：$C_{18}H_{16}F_3NO_4$

分子量：367.32

溶解性：水（g/L，20℃）中溶解度 0.128[5]。

主要用途：杀菌剂[2]。

检验方法：GB 23200.8，GB23200.9，GB 23200.54，GB/T 20769。

检测器：DAD，MS（ESI 源，EI 源）。

光谱图：

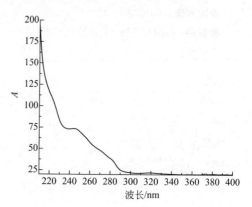

质谱图（ESI⁺）：

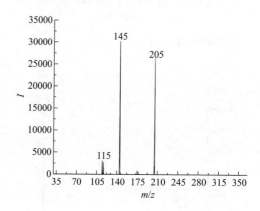

m/z 368＞145（定量离子对），m/z 368＞205。

27. 毒死蜱

英文名：chlorpyrifos

CAS 号：2921-88-2。

结构式、分子式、分子量：

分子式：$C_9H_{11}Cl_3NO_3PS$

分子量：350.59

溶解性：可溶于丙酮、苯、三氯甲烷等多数有机溶剂[4]。

主要用途：杀虫剂[2]。

检验方法：GB 23200.8，GB 23200.113，GB/T 5009.145，SN/T 2158，NY/T 761。

检测器：DAD，FPD，NPD，MS（ESI 源，EI 源）。

光谱图：

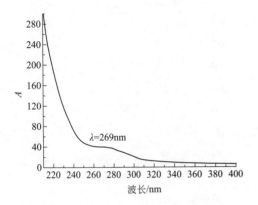

质谱图（ESI⁺）：

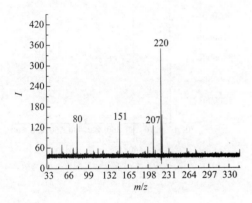

m/z 350＞220（定量离子对），m/z 350＞151。

28. 对硫磷

英文名：parathion

CAS 号：56-38-2。

结构式、分子式、分子量：

OH₅C₂－P(=S)－O－⟨苯环⟩－NO₂
OH₅C₂

分子式：$C_{10}H_{14}NO_5PS$
分子量：291.26

溶解性：水中溶解度 1/100000，而在芳烃、乙醇、丙酮、三氯甲烷中很易溶解[4]。

主要用途：杀虫剂[2]。

检验方法：GB 23200.8，GB 23200.9，GB 23200.113，GB/T 5009.20，GB/T 5009.145。

检测器：DAD，FPD，NPD，MS（ESI 源，EI 源）。

光谱图：

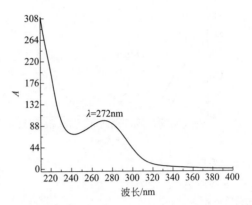

质谱图（ESI⁺）：

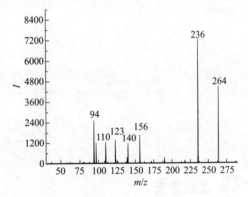

m/z 292＞236（定量离子对），m/z 292＞264。

29. 多菌灵

英文名：carbendazim

CAS 号：10605-21-7。

结构式、分子式、分子量：

⟨苯并咪唑⟩－C(=N－OCH₃)

分子式：$C_9H_9N_3O_2$
分子量：191.19

溶解性：难溶于水和一般有机溶剂[4]。

主要用途：杀菌剂[2]。

检验方法：GB/T 20769，GB/T 20770，NY/T 1453，NY/T 1680。

检测器：DAD，MS（ESI 源）。

光谱图：

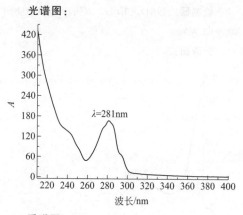

质谱图：

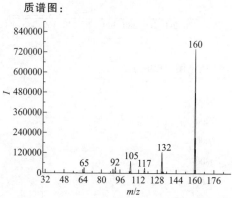

m/z 192＞160（定量离子对），m/z 192＞132。

30. 多杀霉素

英文名：spinosad

CAS 号：131929-60-7。

结构式、分子式、分子量：

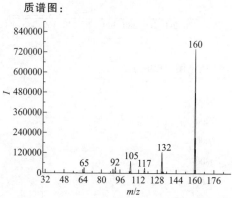

分子式：$C_{41}H_{65}NO_{10}$
分子量：731.96

溶解性（mg/L）： 水中溶解度分别为 90（pH5.0）、235（pH7.0）、16（pH9.0）[4]。

主要用途： 杀虫剂[2]。

检验方法： GB/T 20769，NY/T 1379，NY/T 1453。

检测器： DAD，MS（ESI 源）。

光谱图：

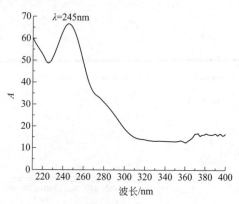

质谱图（ESI+）：

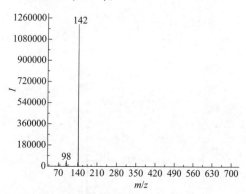

m/z 732＞142（定量离子对），m/z 732＞98。

31. 二甲戊灵

英文名：pendimethalin

CAS 号：40487-42-1。

结构式、分子式、分子量：

分子式：$C_{13}H_{19}N_3O_4$
分子量：281.31

溶解性（g/L）： 易溶于氯代烃和芳香烃类溶剂，丙酮 700，异丙醇 77，二甲苯 628，玉米油 148，20℃时水中溶解度 0.33[4]。

主要用途： 除草剂[2]。

检验方法： GB 23200.8，GB 23200.9，GB 23200.24，GB 23200.113，NY/T 1379。

检测器： DAD，NPD，MS（ESI 源，EI 源）。

光谱图：

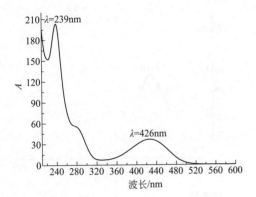

质谱图（ESI⁺）：

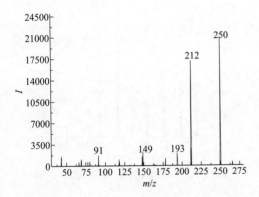

m/z 282＞250（定量离子对），m/z 282＞212。

32. 二嗪磷

英文名：diazinon

CAS 号：333-41-5。

结构式、分子式、分子量：

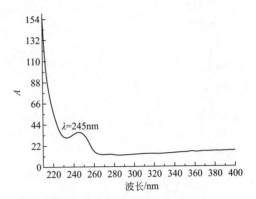

分子式：$C_{12}H_{21}N_2O_3PS$
分子量：304.35

溶解性：与丙酮、乙醇、二甲苯混溶，能溶于石油醚，常温下水中溶解度 0.004%[4]。

主要用途：杀虫剂[2]。

检验方法：GB 23200.8，GB23200.113，GB/T 5009.107，GB/T 20769，NY/T 761。

检测器：DAD，FPD，NPD，MS（ESI 源，EI 源）。

光谱图：

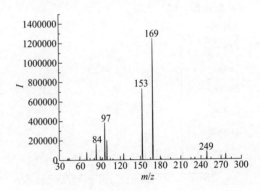

质谱图（ESI⁺）：

m/z 305＞169（定量离子对），m/z 305＞153。

33. 粉唑醇

英文名：flutriafol

CAS 号：76674-21-0。

结构式、分子式、分子量：

分子式：$C_{16}H_{13}F_2N_3O$
分子量：301.29

溶解性：水（mg/L，20℃）中溶解度 130（pH7），有机溶剂中（g/L，20℃）丙酮 190，二氯甲烷 150，甲醇 69，二甲苯 12，乙烷 0.3[5]。

主要用途：杀菌剂[2]。

检验方法：GB 23200.9，GB/T 20769，GB/T 20770。

检测器：DAD，ECD，MS（ESI 源，EI 源）。

光谱图：

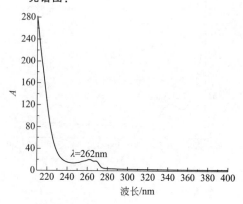

质谱图（ESI+）：

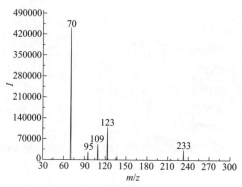

m/z 302＞70（定量离子对），m/z 302＞123。

34. 呋虫胺

英文名：dinotefuran

CAS 号：165252-70-0。

结构式、分子式、分子量：

分子式：$C_7H_{14}N_4O_3$
分子量：202.21

溶解性：可溶于甲醇[9]。

主要用途：杀虫剂[2]。

检验方法：GB 23200.37，GB 23200.51，GB/T 20769，GB/T 20770。

检测器：DAD，MS（ESI 源）。

光谱图：

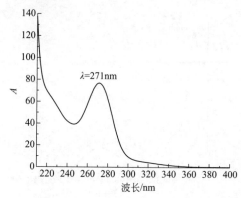

质谱图：

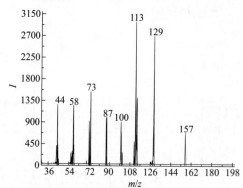

m/z 203＞113（定量离子对），m/z 203＞129。

35. 伏杀硫磷

英文名：phosalone

CAS 号：2310-17-0。

结构式、分子式、分子量：

分子式：$C_{12}H_{15}ClNO_4PS_2$
分子量：367.81

溶解性：易溶于丙酮、乙腈、苯乙酮、苯、三氯甲烷、环己酮、乙酸乙酯、二氯乙烷、甲乙酮、甲苯、二甲苯等有机溶剂；可溶于甲醇、乙醇，溶解约20%；不溶于水，溶解度约 0.1%[4]。

主要用途：杀虫剂[2]。

检验方法：GB 23200.8，GB 23200.9，GB 23200.113，GB/T 20770，NY/T 761。

检测器：DAD，FPD，NPD，MS（ESI 源，EI 源）。

光谱图：

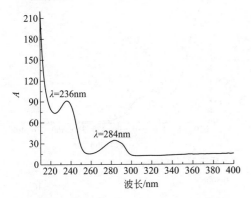

质谱图（ESI+）：

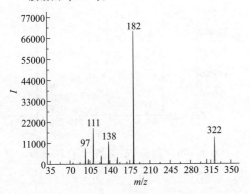

m/z 368＞182（定量离子对），m/z 368＞111。

36. 氟胺氰菊酯

英文名：tau-fluvalinate

CAS 号：102851-06-9。

结构式、分子式、分子量：

分子式：$C_{26}H_{22}ClF_3N_2O_3$
分子量：502.91

溶解性：易溶于丙酮、醇类、二氯甲烷、三氯甲烷、乙醚和芳香烃溶剂；难溶于水（0.02mg/kg）[4]。

主要用途：杀虫剂[2]。

检验方法：GB 23200.92，GB 23200.113，NY/T 761，农业部 781 号公告-9-2006。

检测器：DAD，ECD，MS（ESI 源，EI 源）。

光谱图：

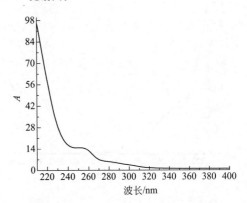

质谱图（ESI+）：

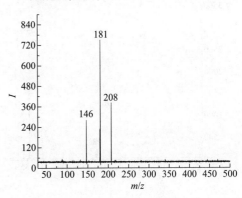

m/z 503＞181（定量离子对），m/z 503＞208。

37. 氟苯脲

英文名：teflubenzuron

CAS 号：83121-18-0。

结构式、分子式、分子量：

分子式：$C_{14}H_6Cl_2F_4N_2O_2$
分子量：381.11

溶解性（20～23℃）：二甲基亚砜 66g/L，环己酮 20g/L，丙酮 10g/L，乙醇 1.4g/L，甲苯 850mg/L，己烷 50mg/L，水 0.02mg/L[4]。

主要用途：杀虫剂[2]。

检验方法：NY/T 1453。

检测器：DAD，MS（ESI 源）。

光谱图：

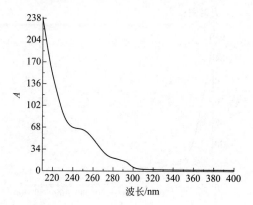

质谱图（ESI⁻）：

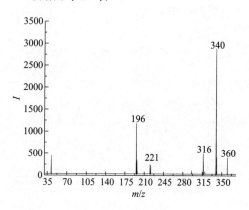

m/z 380 > 340（定量离子对），m/z 380 > 196。

38. 氟吡甲禾灵

英文名：haloxyfop-methyl

CAS 号：69806-40-2。

结构式、分子式、分子量：

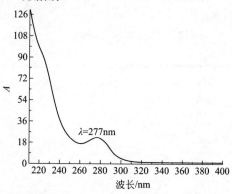

分子式：$C_{16}H_{13}ClF_3NO_4$

分子量：375.73

溶解性：可溶于甲醇[9]。

主要用途：除草剂[2]。

检验方法：GB/T 20769，GB/T 20770。

检测器：DAD，ECD，MS（ESI 源，EI 源）。

光谱图：

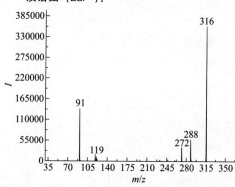

m/z 376 > 316（定量离子对），m/z 376 > 91。

39. 氟虫腈

英文名：fipronil

CAS 号：120068-37-3。

结构式、分子式、分子量：

分子式：$C_{12}H_4Cl_2F_6N_4OS$

分子量：437.15

溶解性：丙酮 54.6g/mL，二氯甲烷 2.23g/mL，甲醇 13.75g/mL，己烷和甲苯 0.3g/mL，水 1.9mg/mL[4]。

主要用途：杀虫剂[2]。

检验方法：GB 23200.34，GB 23200.115，SN/T 1982，SN/T 4039，SN/T 5094，SN/T 5095，NY/T 1379。

检测器：DAD，ECD，MS（ESI 源，EI

源，NCI 源）。

光谱图：

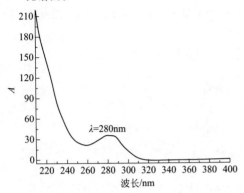

质谱图（ESI⁻）：

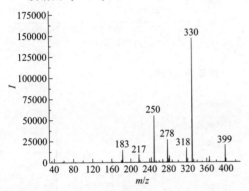

m/z 435＞330（定量离子对），m/z 435＞250。

40. 氟虫脲

英文名：flufenoxuron

CAS 号：101463-69-8。

结构式、分子式、分子量：

分子式：$C_{21}H_{11}ClF_6N_2O_3$

分子量：488.77

溶解性（g/L）：丙酮 82（25℃），二氯甲烷 24（25℃），二甲苯 6（20℃），己烷 0.023（20℃），不溶于水[4]。

主要用途：杀虫剂[2]。

检验方法：GB/T 20769，GB/T 23204，NY/T 1720。

检测器：DAD，MS（ESI 源，EI 源）。

光谱图：

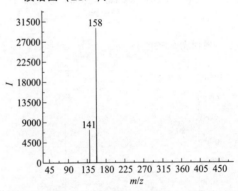

质谱图（ESI⁺）：

m/z 489＞158（定量离子对），m/z 489＞141。

41. 氟啶脲

英文名：chlorfluazuron

CAS 号：71422-67-8。

结构式、分子式、分子量：

分子式：$C_{20}H_9Cl_3F_5N_3O_3$

分子量：540.65

溶解性（g/L）：环己酮 110，丙酮 52.1，乙酸乙酯 45.7，二氯乙烷 22，甲苯 6.5，二甲苯 3，甲醇 2.5，乙醇 2.0，正辛醇 1，己烷 0.01，水 $1.6×10^{-5}$[4]。

主要用途：杀虫剂[2]。

检验方法：GB 23200.8，GB/T 20769，SN/T 2095。

检测器：DAD，ECD，MS（ESI 源，EI 源）。

光谱图：

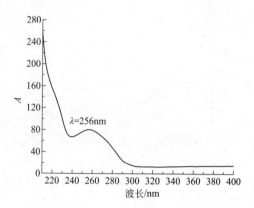

质谱图（ESI⁺）：

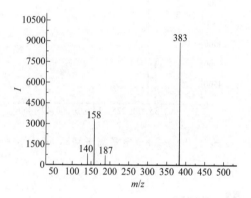

m/z 540＞383（定量离子对），m/z 540＞158。

42. 氟硅唑

英文名：flusilazole

CAS 号：85509-19-9。

结构式、分子式、分子量：

分子式：$C_{16}H_{15}F_2N_3Si$

分子量：315.39

溶解性：能溶于诸多有机溶剂，溶解度＞2000g/L，水中溶解度为 900mg/L（pH1.1）、45mg/L（pH7.8）[4]。

主要用途：杀菌剂[2]。

检验方法：GB 23200.8，GB 23200.9，GB 23200.53，GB/T 20769，GB/T 20770。

检测器：DAD，NPD，MS（ESI 源，EI 源）。

光谱图：

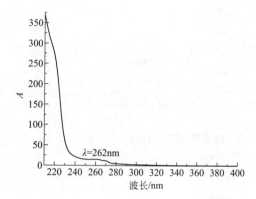

质谱图（ESI⁺）：

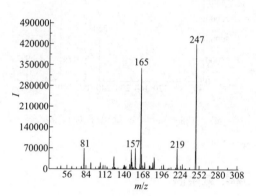

m/z 316＞247（定量离子对），m/z 316＞165。

43. 氟环唑

英文名：epoxiconazole

CAS 号：106325-08-0。

结构式、分子式、分子量：

分子式：$C_{17}H_{13}ClFN_3O$

分子量：329.76

溶解性（mg/L，20℃）：水 6.63，丙酮 14.4，二氯甲烷 29.1[5]。

主要用途：杀菌剂[2]。

检验方法：GB 23200.8，GB 23200.113，GB/T 20769，GB/T 20770。

检测器：DAD，ECD，MS（ESI 源，EI 源）。

光谱图：

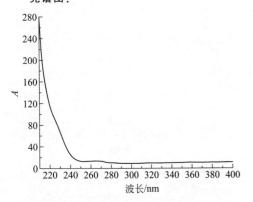

质谱图（ESI+）：

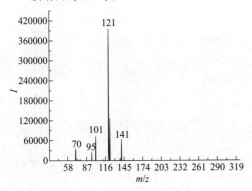

m/z 330＞121（定量离子对），m/z 330＞101。

44. 氟磺胺草醚

英文名：fomesafen

CAS 号：72178-02-0。

结构式、分子式、分子量：

分子式：$C_{15}H_{10}ClF_3N_2O_6S$

分子量：438.76

溶解性（20℃）：丙酮 300g/L，二氯甲烷 10g/L，二甲苯 1.9g/L，己烷 0.5g/L，环己酮 150g/L；水中溶解度与 pH 值有关，当 pH 值为 1～2 时，溶解度＜10mg/L，pH 值为 7 时，溶解度＞600g/L[4]。

主要用途：除草剂[2]。

检测器：DAD，ECD，MS（ESI 源，EI 源）。

光谱图：

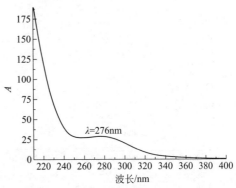

质谱图（ESI−）：

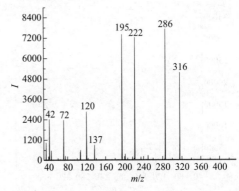

m/z 437＞286（定量离子对），m/z 437＞195。

45. 氟氯氰菊酯

英文名：cyfluthrin

CAS 号：68359-37-5。

结构式、分子式、分子量：

分子式：$C_{22}H_{18}Cl_2FNO_3$

分子量：434.29

溶解性：能溶于丙酮、醚、甲苯、二氯甲烷等有机试剂，稍溶于醇，不溶于水[4]。

主要用途：杀虫剂[2]。

检验方法：GB 23200.8，GB 23200.113，GB/T 5009.146，NY/T 761。

检测器：DAD，ECD，MS（ESI 源，EI 源）。

光谱图：

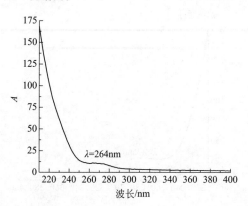

质谱图（ESI⁺）：

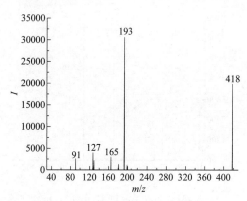

m/z 435＞193（定量离子对），m/z 435＞418。

46. 氟氰戊菊酯

英文名：flucythrinate

CAS 号：70124-77-5。

结构式、分子式、分子量：

F₂HCO ... C≡N ... O—苯氧基结构

分子式：$C_{26}H_{23}F_2NO_4$
分子量：451.46

溶解性：丙酮＞82%，丙醇＞78%，己烷9%，二甲苯181%，几乎不溶于水（65mg/L）[4]。

主要用途：杀虫剂[2]。

检验方法：GB 23200.9，GB 23200.113，GB/T 23204，NY/T 761。

检测器：DAD，ECD，MS（ESI 源，EI 源）。

光谱图：

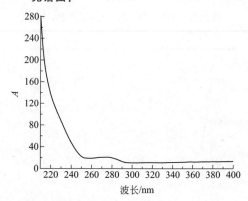

质谱图（ESI⁺）：

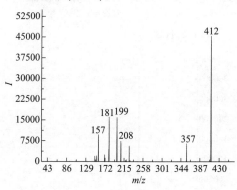

m/z 469＞412（定量离子对），m/z 469＞199。

47. 氟酰脲

英文名：novaluron

CAS 号：116714-46-6。

结构式、分子式、分子量：

分子式：$C_{17}H_9ClF_8N_2O_4$
分子量：492.70

溶解性：可溶于甲醇[10]。

主要用途：杀虫剂[2]。

检验方法：GB 23200.34，SN/T 2540。

检测器：DAD，MS（ESI 源）。

光谱图：

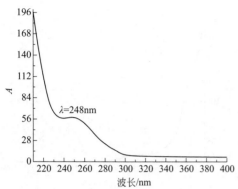

质谱图（ESI⁺）：

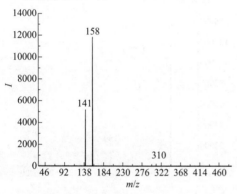

m/z 493＞158（定量离子对），m/z 493＞141。

48. 腐霉利

英文名：procymidone

CAS 号：32809-16-8。

结构式、分子式、分子量：

分子式：$C_{13}H_{11}Cl_2NO_2$

分子量：284.14

溶解性：易溶于丙酮、三氯甲烷、二甲苯、二甲基甲酰胺，微溶于乙醇，难溶于水[4]。

主要用途：杀菌剂[2]。

检验方法：GB 23200.8，GB 23200.9，GB 23200.113，NY/T 761。

检测器：DAD，ECD，MS（ESI 源，EI 源）。

光谱图：

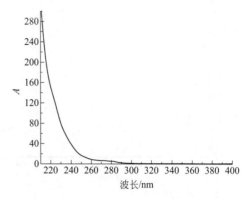

质谱图（ESI⁺）：

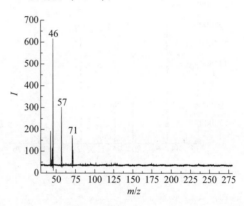

m/z 284＞46（定量离子对），m/z 284＞57。

49. 禾草敌

英文名：molinate

CAS 号：2212-67-1。

结构式、分子式、分子量：

分子式：$C_9H_{17}NOS$

分子量：187.30

溶解性：能溶于丙酮、甲醇、异丙醇、苯、二甲苯，水（g/L，20℃）中溶解性为 0.8[4]。

主要用途：除草剂[2]。

检验方法：GB 23200.5，GB 23200.8，GB 23200.9，GB 23200.12，GB 23200.13，GB 23200.113，GB/T 5009.134。

检测器：DAD，FPD，MS（ESI 源，EI 源）。

光谱图：

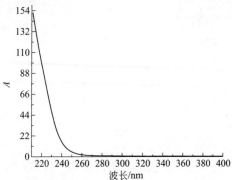

质谱图（ESI+）：

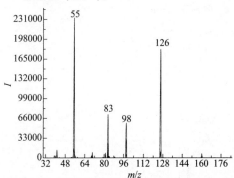

m/z 188＞55（定量离子对），m/z 188＞126。

50. 己唑醇

英文名：hexaconazole

CAS 号：79983-71-4。

结构式、分子式、分子量：

分子式：$C_{14}H_{17}Cl_2N_3O$
分子量：314.21

溶解性：水（mg/L，20℃）中溶解性为17，其他溶剂溶解性（g/L，20℃）二甲苯336，甲醇246，丙酮164，乙酸乙酯120，甲苯59，己烷0.8[5]。

主要用途：杀菌剂[2]。

检验方法：GB 23200.8，GB 23200.113，GB/T 20769，GB/T 20770。

检测器：DAD，ECD，MS（ESI 源，EI 源）。

光谱图：

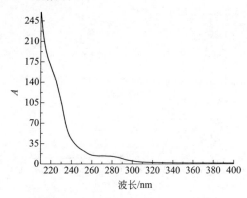

质谱图（ESI+）：

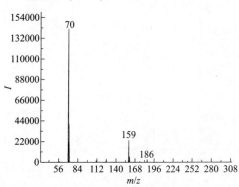

m/z 315＞70（定量离子对），m/z 315＞159。

51. 甲氨基阿维菌素

英文名：emamectin

CAS 号：119791-41-2。

结构式、分子式、分子量：

分子式：$C_{49}H_{77}NO_{13}$
分子量：888.13

溶解性：可溶于甲醇[8]。

主要用途：杀虫剂[2]。

检验方法：GB/T 20769。

检测器：DAD，MS（ESI 源）。

光谱图：

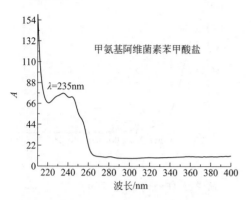

质谱图（ESI⁺）：

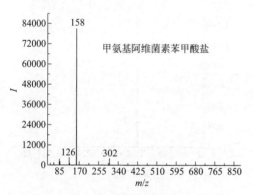

m/z 886＞158（定量离子对），m/z 886 ＞126。

52. 甲胺磷

英文名：methamidophos

CAS 号：10265-92-6。

结构式、分子式、分子量：

$$H_3C—O\overset{O}{\underset{S}{\underset{|}{P}}}—NH_2$$
$$H_3C$$

分子式：$C_2H_8NO_2PS$

分子量：141.13

溶解性：可溶于丙酮[11]和甲醇[9]。

主要用途：杀虫剂[2]。

检验方法：GB 23200.113，GB/T 5009.103，GB/T 20770，NY/T 761。

检测器：DAD，FPD，NPD，MS（ESI 源，EI 源）。

光谱图：

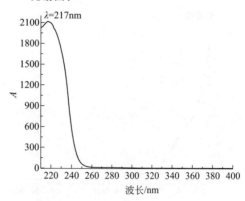

质谱图（ESI⁺）：

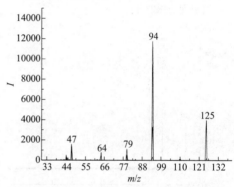

m/z 142＞94（定量离子对），m/z 142 ＞125。

53. 甲拌磷

英文名：phorate

CAS 号：298-02-2。

结构式、分子式、分子量：

$$H_3C—S—CH_2—S\overset{S}{\underset{O}{\underset{|}{P}}}\overset{O—CH_2—CH_3}{\underset{O—CH_2—CH_3}{}}$$

分子式：$C_7H_{17}O_2PS_3$

分子量：260.38

溶解性：水（mg/L，20℃）中溶解度为 50，能与醇类、酯类、四氯化碳、二甲苯等混溶[12]。

主要用途：杀虫剂[2]。

检验方法：GB 23200.8，GB 23200.9，GB 23200.113，GB/T 5009.20，GB/T 14553，GB/T 23204。

检测器：DAD，FPD，NPD，MS（ESI

源，EI 源）。

光谱图：

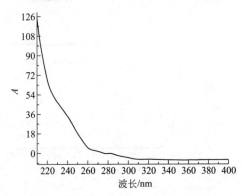

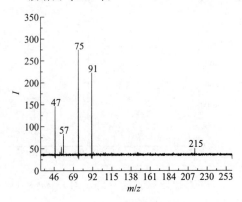

m/z 261＞75（定量离子对），m/z 261＞91。

54. 甲苯氟磺胺（甲苯磺菌胺）

英文名：tolylfluanid

CAS 号：731-27-1。

结构式、分子式、分子量：

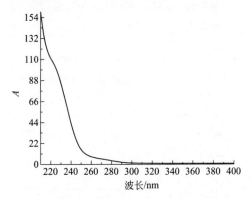

分子式：$C_{10}H_{13}Cl_2FN_2O_2S_2$
分子量：347.26

溶解性：水（mg/L，20℃）中溶解度 0.9，有机溶剂中溶解度（g/L，20℃）：二氯甲烷＞250，二甲苯190，异丙醇22[5]。

主要用途：杀菌剂[2]。

检验方法：GB 23200.8。

检测器：DAD，MS（ESI 源，EI 源）。

光谱图：

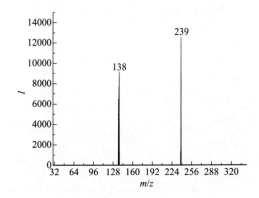

m/z 348＞239（定量离子对），m/z 348＞138。

55. 甲基对硫磷

英文名：parathion-methyl

CAS 号：298-00-0。

结构式、分子式、分子量：

分子式：$C_8H_{10}NO_5PS$
分子量：263.21

溶解性：可溶于丙酮[11]。

主要用途：杀虫剂[2]。

检验方法：GB 23200.113，GB/T 5009.20，GB/T 23204，NY/T 761。

检测器：DAD，FPD，NPD，MS（ESI 源，EI 源）。

光谱图：

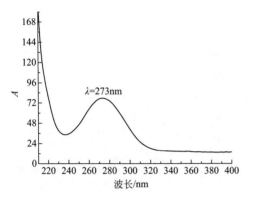

质谱图（ESI+）：

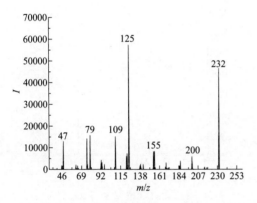

m/z 264＞125（定量离子对），m/z 264＞232。

56. 甲基硫环磷

英文名：phosfolan-methly

CAS 号：5120-23-0。

结构式、分子式、分子量：

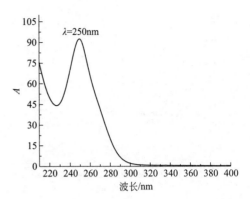

分子式：$C_5H_{10}NO_3PS_2$
分子量：227.24

溶解性：溶于酒精、苯、四氯化碳等有机溶剂[4]。

主要用途：杀虫剂[2]。

检验方法：NY/T 761。

检测器：DAD，FPD，MS（ESI 源，EI 源）。

光谱图：

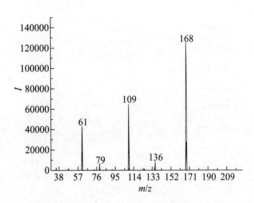

质谱图（ESI+）：

m/z 228＞168（定量离子对），m/z 228＞109。

57. 甲基硫菌灵

英文名：thiophanate-methyl

CAS 号：23564-05-8。

结构式、分子式、分子量：

分子式：$C_{12}H_{14}N_4O_4S_2$
分子量：342.39

溶解性：易溶于二甲基甲酰胺和三氯甲烷，可溶于丙酮、甲醇、乙醇、乙酸乙酯和二氧六环，难溶于水[4]。

主要用途：杀菌剂[2]。

检验方法：GB/T 20769，NY/T 1680。

检测器：DAD，MS（ESI 源）。

光谱图：

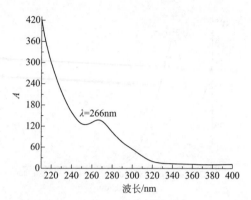

光谱图：

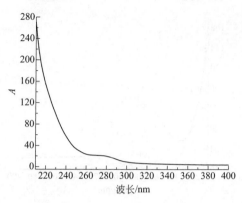

质谱图（ESI⁺）：

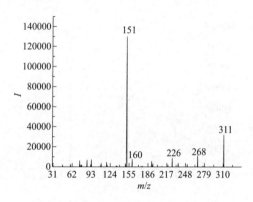

m/z 343＞151（定量离子对），m/z 343＞311。

质谱图（ESI⁺）：

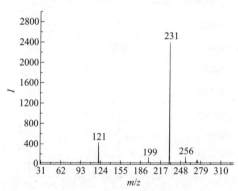

m/z 332＞231（定量离子对），m/z 332＞121。

58. 甲基异柳磷

英文名：isofenphos-methyl

CAS 号：99675-03-3。

结构式、分子式、分子量：

分子式：$C_{14}H_{22}NO_4PS$

分子量：331.37

溶解性：易溶于苯、甲苯、二甲苯、乙醚等有机试剂，难溶于水[12]。

主要用途：杀虫剂[2]。

检验方法：GB 23200.113，GB/T 5009.144。

检测器：DAD，FPD，MS（ESI 源，EI 源）。

59. 甲萘威

英文名：carbaryl

CAS 号：63-25-2。

结构式、分子式、分子量：

分子式：$C_{12}H_{11}NO_2$

分子量：201.22

溶解性：水（mg/L，30℃）中溶解度 40，可溶于多数极性有机溶剂如混甲酚、二甲亚砜等[12]。

主要用途：杀虫剂[2]。

检验方法：GB 23200.13，GB 23200.112，GB/T 5009.21，GB/T 5009.145，GB/T 20769，NY/T 761。

检测器：DAD，FLD(衍生)，FID，NPD，MS（ESI 源，EI 源）。

光谱图：

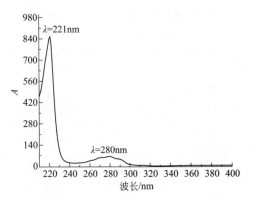

质谱图（ESI⁺）：

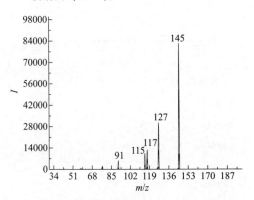

m/z 202＞145（定量离子对），m/z 202＞127。

60. 甲氰菊酯

英文名：fenpropathrin

CAS 号：39515-41-8。

结构式、分子式、分子量：

分子式：$C_{22}H_{23}NO_3$
分子量：349.42

溶解性（25℃）：二甲苯 100％，甲醇 33.7％，水 0.33mg/L[4]。

主要用途：杀虫剂[2]。

检验方法：GB 23200.8，GB 23200.9，GB 23200.113，GB/T 20770，GB/T 23376，SN/T 2233，NY/T 761。

检测器：DAD，ECD，MS（ESI 源，EI 源）。

光谱图：

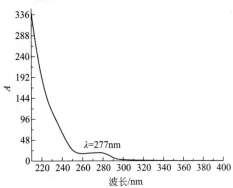

质谱图（ESI⁺）：

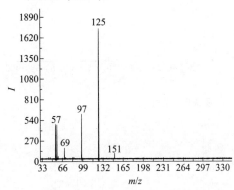

m/z 350＞125（定量离子对），m/z 350＞97。

61. 甲霜灵

英文名：metalaxyl

CAS 号：57837-19-1。

结构式、分子式、分子量：

甲霜灵

分子式：$C_{15}H_{21}NO_4$
分子量：279.33

高效甲霜灵

分子式：$C_{15}H_{21}NO_4$
分子量：279.33

溶解性：能溶于多种有机溶剂，甲醇中溶

解度为 65%，水中溶解度为 0.71%（20℃）[4]。

主要用途：杀菌剂[2]。

检验方法：GB 23200.8，GB 23200.9，GB 23200.113，GB/T 20769，GB/T 20770。

检测器：DAD，MS（ESI 源，EI 源）。

光谱图：

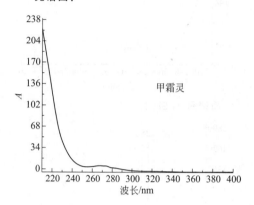

甲霜灵

质谱图（ESI+）：

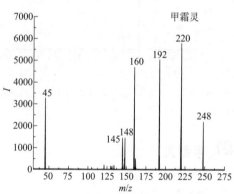

甲霜灵

m/z 280＞220（定量离子对），m/z 280＞192。

62. 腈苯唑

英文名：fenbuconazole

CAS 号：114369-43-6。

结构式、分子式、分子量：

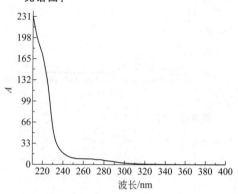

分子式：$C_{19}H_{17}ClN_4$
分子量：336.82

溶解性：可溶于一般有机溶剂，如酮类、脂类、醇类和芳香烃，不溶于脂族烃溶剂[12]。

主要用途：杀菌剂[2]。

检验方法：GB 23200.8，GB 23200.9，GB 23200.113，GB/T 20769，GB/T 20770。

检测器：DAD，NPD，MS（ESI 源，EI 源）。

光谱图：

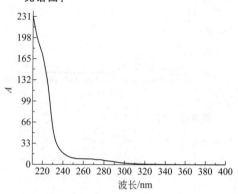

质谱图（ESI+）：

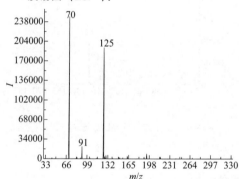

m/z 337＞70（定量离子对），m/z 337＞125。

63. 腈菌唑

英文名：myclobutanil

CAS 号：88671-89-0。

结构式、分子式、分子量：

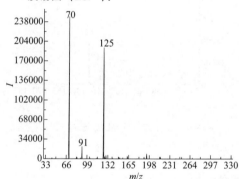

分子式：$C_{15}H_{17}ClN_4$
分子量：288.78

溶解性：能溶于醇、芳烃、酯、酮等有机溶剂（g/L），溶解度约 50～100；不溶于己烷等脂肪烃；水（g/L）中溶解度为 142[4]。

主要用途：杀菌剂[2]。

检验方法：GB 23200.8，GB 23200.113，GB/T 20769，GB/T 20770，NY/T 1455。

检测器：DAD，ECD，NPD，MS（ESI源，EI源）。

光谱图：

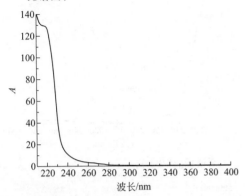

质谱图（ESI⁺）：

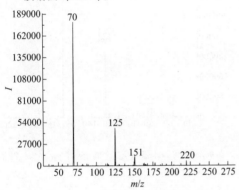

m/z 289＞70（定量离子对），m/z 289＞125。

64. 久效磷

英文名：monocrotophos

CAS 号：2157-98-4。

结构式、分子式、分子量：

H_3C―$\overset{O}{\overset{\|}{C}}$―$NH$―$CH$＝$\overset{CH_3}{\overset{|}{C}}$―$O$―$\overset{O\ CH_3}{\underset{\|}{P}}$―$O\ CH_3$

分子式：$C_7H_{14}NO_5P$

分子量：223.16

溶解性：能溶于甲醇，二氯甲烷[11,13]。

主要用途：杀虫剂[2]。

检验方法：GB 23200.113，GB/T 5009.20，NY/T 761。

检测器：DAD，FPD，MS（ESI源）。

光谱图：

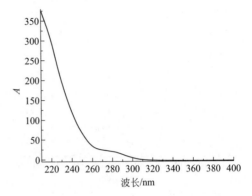

质谱图（ESI⁺）：

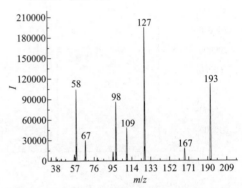

m/z 224＞127（定量离子对），m/z 224＞193。

65. 抗蚜威

英文名：pirimicarb

CAS 号：23103-98-2。

结构式、分子式、分子量：

分子式：$C_{11}H_{18}N_4O_2$

分子量：238.29

溶解性（g/100mL）：能溶于醇、酮、酯、芳烃、氯化烃等多种有机溶剂；甲醇 23，乙醇 25，丙酮 40；难溶于水 0.27[4]。

主要用途：杀虫剂[2]。

检验方法：GB 23200.8，GB 23200.9，GB 23200.113，GB/T 20770，SN/T 0134，NY/T 1379。

检测器：DAD，MS（ESI源，EI源）

光谱图：

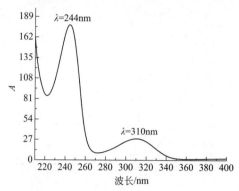

质谱图（ESI⁺）：

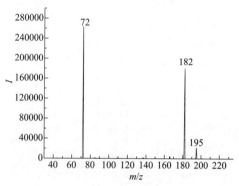

m/z 239＞72（定量离子对），m/z 239＞182。

66. 克百威

英文名：carbofuran

CAS 号：1563-66-2。

结构式、分子式、分子量：

H₃C—NH—O—⟨结构式⟩—CH₃ / H₃C

分子式：C₁₂H₁₅NO₃
分子量：221.25

溶解性：可溶于多种有机溶剂，25℃时溶解度（质量比）为：丙酮 15%、乙腈 14%、环己酮 9%、二甲基甲酰胺 27%、二甲基亚砜 25%、甲基吡咯烷酮 30%，难溶于二甲苯、石油醚、煤油，水（mg/L，25℃）中溶解度为 700[4]。

主要用途：杀虫剂[2]。

检验方法：GB 23200.13，GB 23200.112，NY/T 761。

检测器：DAD，FLD（衍生），NPD，MS（ESI 源，EI 源）。

光谱图：

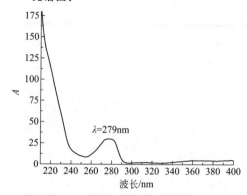

质谱图（ESI⁺）：

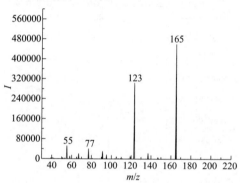

m/z 222＞165（定量离子对），m/z 222＞123。

67. 乐果

英文名：dimethoate

CAS 号：60-51-5。

结构式、分子式、分子量：

CH₃—O—P(=S)(—O—CH₃)—S—CH₂—C(=O)—NH—CH₃

分子式：C₅H₁₂NO₃PS₂
分子量：229.26

溶解性：在常温下溶解度为：甲醇 80%、丙酮 70%、二氯甲烷 70%、三氯甲烷 65%、环己酮 65%、苯 60%、甲苯 40%、二甲苯 6.5%、四氯化碳 2.0%、石油醚 0.1%，水中溶解度为 2.9%[4]。

主要用途：杀虫剂[2]。

检验方法：GB 23200.113，GB/T 5009.20，

GB/T 5009.145，GB/T 20769，NY/T 761。

检测器：DAD，NPD，FPD，MS（ESI源，EI源）。

光谱图：

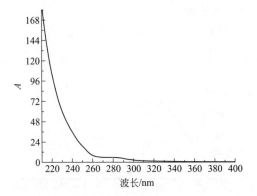

质谱图（ESI⁺）：

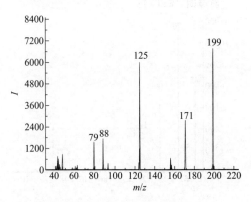

m/z 230＞199（定量离子对），*m/z* 230＞125。

68. 联苯肼酯

英文名：bifenazate

CAS号：149877-41-8。

结构式、分子式、分子量：

分子式：C₁₇H₂₀N₂O₃
分子量：300.35

溶解性：可溶于甲醇和甲苯[10,14]。
主要用途：杀螨剂[2]。
检验方法：GB 23200.8，GB 23200.34，GB/T 20769。

检测器：DAD，MS（ESI源，EI源）。

光谱图：

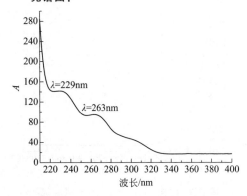

质谱图（ESI⁺）：

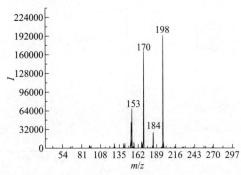

m/z 301＞198（定量离子对），*m/z* 301＞170。

69. 联苯菊酯

英文名：bifenthrin

CAS号：82657-04-3。

结构式、分子式、分子量：

分子式：C₂₃H₂₂ClF₃O₂
分子量：422.87

溶解性：能溶于丙酮（1.25 kg/L）、三氯甲烷、二氯甲烷、甲苯、乙醚，稍溶于庚烷和甲醇，不溶于水[4]。

主要用途：杀虫/杀螨剂[2]。

检验方法：GB 23200.8，GB 23200.113，GB/T 5009.146，SN/T 1969，SN/T 2151。

检测器：DAD，ECD，MS（ESI源，EI源）。

光谱图：

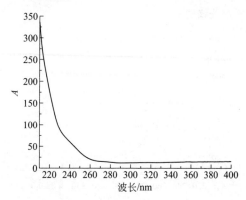

质谱图（ESI⁺）：

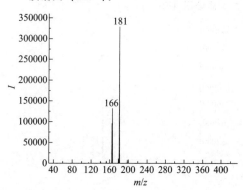

m/z 440＞181（定量离子对），m/z 440＞166。

70. 联苯三唑醇

英文名：bitertanol

CAS 号：55179-31-2。

结构式、分子式、分子量：

H₃C、CH₃、OH ...（结构式）

分子式：$C_{20}H_{23}N_3O_2$
分子量：337.42

溶解性：由两种非对映异构体组成，对映体 A：（1R，2S）＋（1S，2R）；对映体 B：（1R，2R）＋（1S，2S）；A：B＝8：2。水中溶解度（mg/L，20℃，不受 pH 值影响）：2.7（A），1.1（B），3.8（混晶）。有机溶剂中溶解度（g/L，20℃）：二氯甲烷＞250，异丙醇67，二甲苯18，正辛醇53（取决于 A 和 B 的相对数量）[5]。

主要用途：杀菌剂[2]。

检验方法：GB 23200.8，GB 23200.9，GB/T 20769，GB/T 20770，GB/T 20771，GB/T 20772。

检测器：DAD，MS（ESI 源，EI 源）。

光谱图：

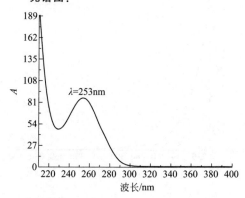

质谱图（ESI⁺）：

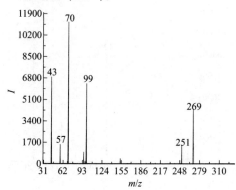

m/z 338＞70（定量离子对），m/z 338＞99。

71. 硫环磷

英文名：phosfolan

CAS 号：947-02-4。

结构式、分子式、分子量：

...（结构式）

分子式：$C_7H_{14}NO_3PS_2$
分子量：255.29

溶解性：可溶于环己烷、丙酮[9,11,15]。

主要用途：杀虫剂[2]。

检验方法：GB 23200.13，GB 23200.113，GB/T 20770，NY/T 761。

检测器：DAD，FPD，MS（ESI 源）。

光谱图：

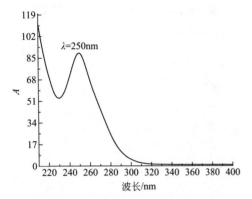

质谱图（ESI⁺）：

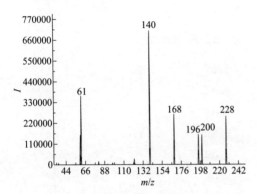

m/z 256＞140（定量离子对），m/z 256＞61。

光谱图：

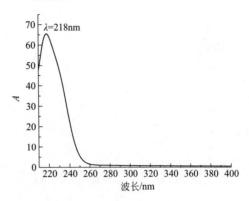

质谱图（ESI⁺）：

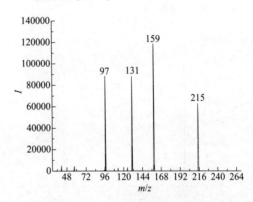

m/z 271＞159（定量离子对），m/z 271＞131。

72. 硫线磷

英文名：cadusafos

CAS 号：95465-99-9。

结构式、分子式、分子量：

分子式：$C_{10}H_{23}O_2PS_2$

分子量：270.39

溶解性：可与大多数有机溶剂完全混溶，水（g/L）中溶解度 0.25[4]。

主要用途：杀虫剂[2]。

检验方法：GB/T 20769，GB/T 20770，SN/T 2147。

检测器：DAD，FPD，MS（ESI 源，EI源）。

73. 螺螨酯

英文名：spirodiclofen

CAS 号：148477-71-8。

结构式、分子式、分子量：

分子式：$C_{21}H_{24}Cl_2O_4$

分子量：411.32

溶解性：可溶于甲醇和甲苯[14~16]。

主要用途：杀螨剂[2]。

检验方法：GB 23200.8，GB 23200.9，GB/T 20769，GB/T 20772，GB/T 23211。

检测器：DAD，ECD，MS（ESI 源，EI源）。

光谱图：

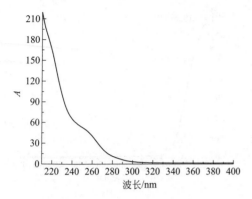

质谱图（ESI$^+$）：

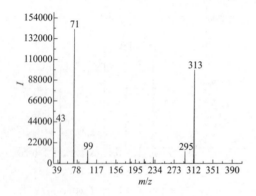

m/z 411＞71（定量离子对），m/z 411 ＞313。

74. 氯苯嘧啶醇

英文名：fenarimol

CAS 号：60168-88-9。

结构式、分子式、分子量：

分子式：$C_{17}H_{12}Cl_2N_2O$
分子量：331.20

溶解性：有机溶剂中溶解度（g/L，20℃）：丙酮 151，甲醇 98.0，二甲苯 33.3。易溶于大多数有机溶剂中，但仅微溶于己烷[5]。

主要用途：杀菌剂[2]。

检验方法：GB 23200.8，GB 23200.113，

GB/T 20769，GB/T 20772。

检测器：DAD，MS（ESI 源，EI 源）。

光谱图：

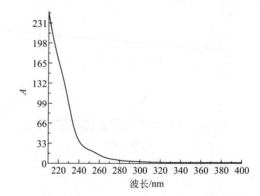

质谱图（ESI$^+$）：

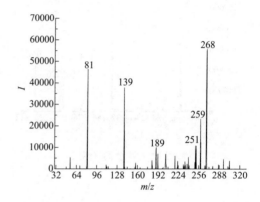

m/z 331＞268（定量离子对），m/z 331 ＞81。

75. 氯吡脲

英文名：forchlorfenuron

CAS 号：68157-60-8。

结构式、分子式、分子量：

分子式：$C_{12}H_{10}ClN_3O$
分子量：247.68

溶解性：水（mg/L）中的溶解度 65。易溶于丙酮、乙醇、二甲亚砜[12]。

主要用途：植物生长调节剂[2]。

检验方法：GB 23200.110，GB/T 20770，

SN/T 3643。

检测器：DAD，MS（ESI 源）。

光谱图：

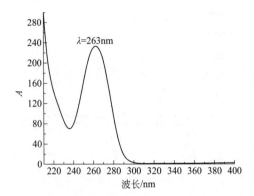

质谱图（ESI⁻）：

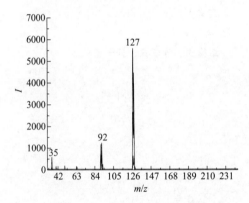

m/z 247＞127（定量离子对），m/z 247＞92。

多反应监测图：

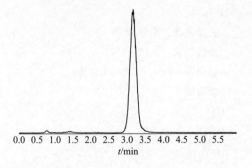

色谱柱：Leapsil C18（100mm × 2.1mm，2.7μm）；柱温：35℃；进样量：5μL；流速：0.3mL/min；流动相：乙腈-0.1％甲酸溶液（40：60，体积比）；

电离模式：ESI，正离子扫描；扫描模式：多反应监测（MRM）；化合物 MRM 参数略。

76. 氯氟氰菊酯和高效氯氟氰菊酯

英文名：cyhalothrin & lambda-cyhalothrin

CAS 号：68085-85-8（氯氟氰菊酯，cyhalothrin），91465-08-6（高效氯氟氰菊酯，lambda-cyhalothrin）。

结构式、分子式、分子量：

氯氟氰菊酯

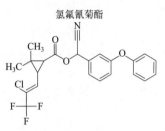

分子式：C₂₃H₁₉ClF₃NO₃

分子式：$C_{23}H_{19}ClF_3NO_3$
分子量：449.85

高效氯氟氰菊酯

分子式：$C_{23}H_{19}ClF_3NO_3$
分子量：449.85

溶解性：易溶于丙酮、甲醇、乙酸乙酯、甲苯等多种有机溶剂（g/L），溶解度均＞500；不溶于水[4]。

主要用途：杀虫剂[2]。

检验方法：GB 23200.8，GB 23200.9，GB 23200.113，GB/T 5009.146，SN/T 1117，SN/T 2151，NY/T 761。

检测器：DAD，ECD，MS（ESI 源，EI 源）。

光谱图：

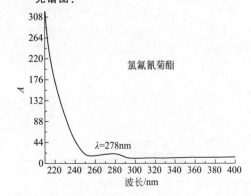

质谱图（ESI⁺）：

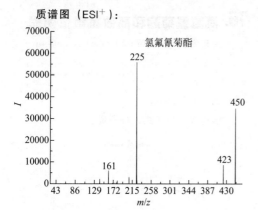

m/z 467＞225（定量离子对），m/z 467 ＞450。

77. 氯菊酯

英文名：permethrin

CAS 号：52645-53-1。

结构式、分子式、分子量：

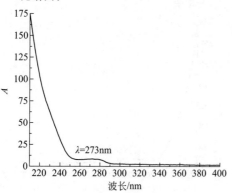

分子式：$C_{21}H_{20}Cl_2O_3$

分子量：391.29

溶解性（30℃）：在丙酮、甲醇、乙醚、二甲苯中溶解度＞50%，在乙二醇中＜3%；水中＜0.03mg/L[4]。

主要用途：杀虫剂[2]。

检验方法：GB 23200.8，GB 23200.113，GB/T 5009.146，GB/T 23204，SN/T 2151，NY/T 761。

检测器：DAD，ECD，MS（ESI 源，EI 源）。

光谱图：

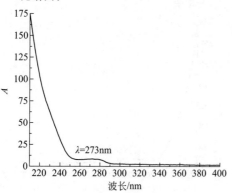

质谱图（ESI⁺）：

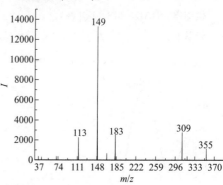

m/z 391＞149（定量离子对），m/z 391 ＞309。

78. 氯嘧磺隆

英文名：chlorimuron-ethyl

CAS 号：90982-32-4。

结构式、分子式、分子量：

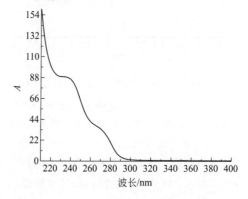

分子式：$C_{15}H_{15}ClN_4O_6S$

分子量：414.82

溶解性：可溶于二甲基甲酰胺、二氧六环，微溶于丙酮、乙醇，难溶于苯等非极性溶剂，水中溶解度为 11mg/L（pH5）、1.2g/L（pH7）[4]。

主要用途：除草剂[2]。

检验方法：GB/T 20770。

检测器：DAD，MS（ESI 源）。

光谱图：

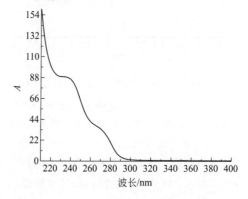

质谱图（ESI$^+$）：

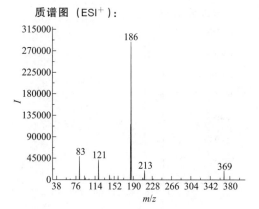

m/z 415＞186（定量离子对），m/z 415＞83。

79. 氯氰菊酯

英文名：cypermethrin

CAS 号：52315-07-8。

结构式、分子式、分子量：

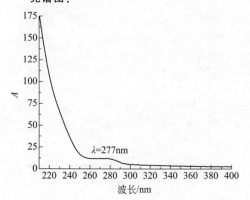

分子式：$C_{22}H_{19}Cl_2NO_3$

分子量：416.30

溶解性（21℃）：丙酮，二甲苯，三氯甲烷＞450g/L，乙醇337g/L，己烷103g/L，水中溶解度为0.01～0.2mg/L[4]。

主要用途：杀虫剂[2]。

检验方法：GB 23200.8，GB 23200.9，GB 23200.113，GB/T 5009.110，GB/T 5009.146，GB/T 23204，SN/T 1117，NY/T 761。

检测器：DAD，ECD，MS（EI源）。

光谱图：

质谱图（ESI$^+$）：

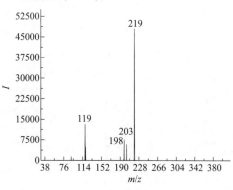

m/z 416＞219（定量离子对），m/z 416＞119。

80. 氯唑磷

英文名：isazofos

CAS 号：42509-80-8。

结构式、分子式、分子量：

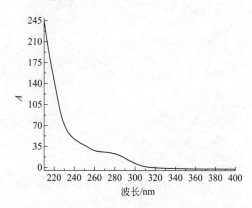

分子式：$C_9H_{17}ClN_3O_3PS$

分子量：313.74

溶解性：可溶于甲醇、三氯甲烷等有机溶剂，水（mg/L）中溶解度仅150[4]。

主要用途：杀虫剂[2]。

检验方法：GB 23200.9，GB 23200.113，GB/T 20769，GB/T 23204。

检测器：DAD，MS（ESI源，EI源）。

光谱图：

质谱图（ESI⁺）：

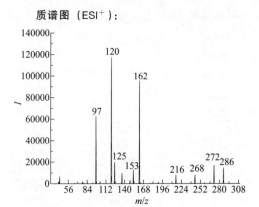

m/z 314＞120（定量离子对），m/z 314＞162。

质谱图（ESI⁺）：

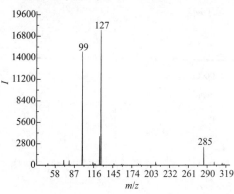

m/z 331＞127（定量离子对），m/z 331＞99。

81. 马拉硫磷

英文名：malathion

CAS 号：121-75-5。

结构式、分子式、分子量：

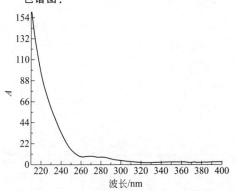

分子式：$C_{10}H_{19}O_6PS_2$
分子量：330.36

溶解性（20℃）：易溶于乙醇、丙酮、苯、氯代烃、植物油等多种有机溶剂，水中溶解度仅 145mg/L，微溶于石油醚[4]。

主要用途：杀虫剂[2]。

检验方法：GB 23200.8，GB 23200.9，GB 23200.113，GB/T 5009.145，GB/T 20769，NY/T 761。

检测器：DAD，FPD，NPD，MS（ESI 源，EI 源）。

色谱图：

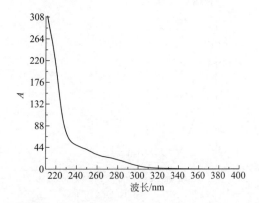

82. 猛杀威

英文名：promecarb

CAS 号：2631-37-0。

结构式、分子式、分子量：

分子式：$C_{12}H_{17}NO_2$
分子量：207.27

溶解性：难溶于水，易溶于大多数有机溶剂。

主要用途：杀虫剂。

检验方法：暂无色谱和质谱的食品检测标准方法。

检测器：DAD，FPD，NPD，MS（ESI 源，EI 源）。

色谱图：

质谱图（ESI⁺）：

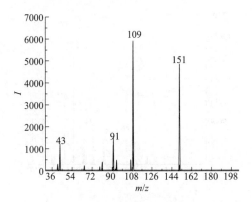

质谱图（ESI⁺）：

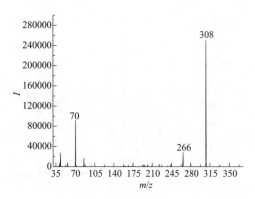

m/z 208＞109（定量离子对），m/z 208
＞151。

m/z 376＞308（定量离子对），m/z 376
＞70。

83. 咪鲜胺

英文名：prochloraz

CAS 号：67747-09-5。

结构式、分子式、分子量：

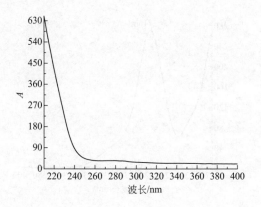

分子式：$C_{15}H_{16}Cl_3N_3O_2$
分子量：376.67

溶解性：能溶于大部分有机溶剂[4]。

主要用途：杀菌剂[2]。

检验方法：NY/T 1456。

检测器：DAD，ECD，MS（ESI 源，EI
源）。

光谱图：

84. 醚菊酯

英文名：etofenprox

CAS 号：80844-07-1。

结构式、分子式、分子量：

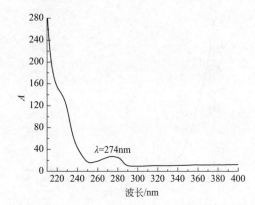

分子式：$C_{25}H_{28}O_3$
分子量：376.49

溶解性（g/L，25℃）：三氯甲烷 858，丙
酮 908，乙酸乙酯 875，乙醇 150，甲醇 76.6，
二甲苯 84.8，水 0.001[4]。

主要用途：杀虫剂[2]。

检验方法：GB 23200.8，GB 23200.9，GB
23200.13，SN/T 2151。

检测器：DAD，MS（ESI 源，EI 源）。

光谱图：

质谱图（ESI⁺）：

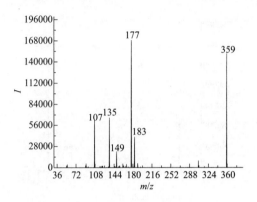

质谱图（ESI⁺）：

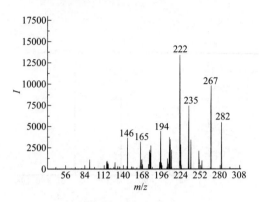

m/z 394＞177（定量离子对），*m/z* 394＞359。

m/z 314＞222（定量离子对），*m/z* 214＞267。

85. 醚菌酯

英文名：kresoxim-methyl

CAS 号：143390-89-0。

结构式、分子式、分子量：

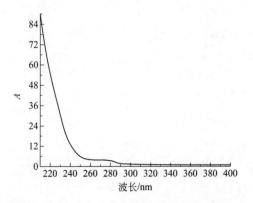

分子式：C₁₈H₁₉NO₄

分子量：313.35

溶解性（20℃）：水（mg/mL）中溶解度 2[5]。

主要用途：杀菌剂[2]。

检验方法：GB 23200.8，GB 23200.9，GB/T 20769，GB/T 20770。

检测器：DAD，ECD，MS（ESI 源，EI 源）。

光谱图：

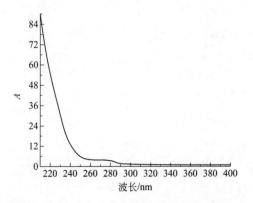

86. 嘧菌环胺

英文名：cyprodinil

CAS 号：121552-61-2。

结构式、分子式、分子量：

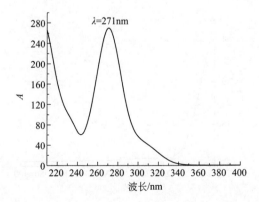

分子式：C₁₄H₁₅N₃

分子量：225.29

溶解性（g/L，25℃）：水 0.020（pH5）、0.013（pH7）、0.015（pH5），乙醚 160，丙酮 610，甲苯 460，正己烷 30，正辛烷 160[5]。

主要用途：杀菌剂[2]。

检验方法：GB 23200.8，GB 23200.9，GB 23200.113，GB/T 20769，NY/T 1379。

检测器：DAD，NPD，MS（ESI 源，EI 源）。

光谱图：

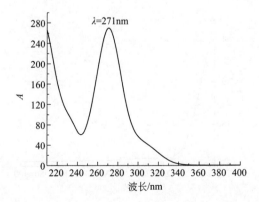

质谱图（ESI⁺）：

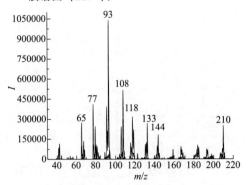

m/z 226＞93（定量离子对），m/z 226＞108。

87. 嘧菌酯

英文名：azoxystrobin

CAS 号：131860-33-8。

结构式、分子式、分子量：

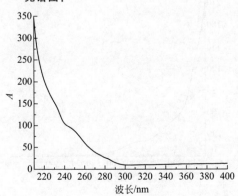

分子式：$C_{22}H_{17}N_3O_5$
分子量：403.39

溶解性：水（mg/mL，20℃）中溶解度为 2，微溶于己烷、正辛烷，溶于甲醇、甲苯、丙酮，易溶于乙酸乙酯、乙腈、二氯甲烷[5]。

主要用途：杀菌剂[2]。

检验方法：GB 23200.11，GB 23200.14，GB 23200.46，GB 23200.54，GB/T 20769，GB/T 20770，SN/T 1976，NY/T 1453。

检测器：DAD，ECD，NPD，MS（ESI 源，EI 源）。

光谱图：

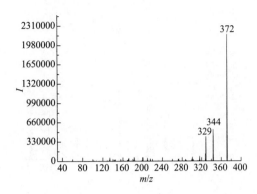

质谱图（ESI⁺）：

m/z 404＞372（定量离子对），m/z 404＞344。

88. 嘧霉胺

英文名：pyrimethanil

CAS 号：53112-28-0。

结构式、分子式、分子量：

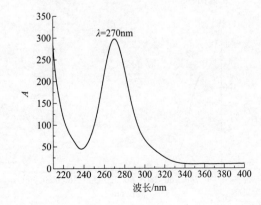

分子式：$C_{12}H_{13}N_3$
分子量：199.25

溶解性（g/L，20℃）：乙酸乙酯 617，甲醇 176，二氯甲烷 1000，正己烷 23.7，甲苯 412，水 0.121g/L[5]。

主要用途：杀菌剂[2]。

检验方法：GB 23200.8，GB 23200.9，GB 23200.113，GB/T 20769，GB/T 20770。

检测器：DAD，MS（ESI 源，EI 源）。

光谱图：

质谱图（ESI⁺）:

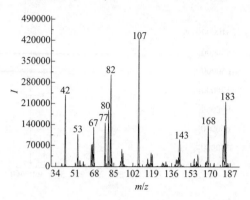

$m/z\ 200 > 107$（定量离子对），$m/z\ 200 > 82$。

质谱图（ESI⁺）:

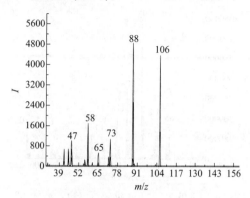

$m/z\ 163 > 88$（定量离子对），$m/z\ 163 > 106$。

89. 灭多威

英文名：methomyl

CAS 号：CAS 号：16752-77-5。

结构式、分子式、分子量：

H₃C—NH 的结构（灭多威分子结构）

分子式：$C_5H_{10}N_2O_2S$

分子量：162.21

溶解性：水、丙酮、乙醇、异丙醇、甲醇、甲苯中的溶解度分别为 5.8g/100mL，73g/100g，42g/100g，22g/100g，100g/100g，3g/100g[12]。

主要用途：杀虫剂[2]。

检验方法：GB 23200.112，SN/T 0134，NY/T 761。

检测器：DAD，FLD（衍生），MS（ESI 源，EI 源）。

光谱图：

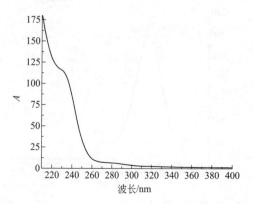

90. 灭线磷

英文名：ethoprophos

CAS 号：13194-48-4。

结构式、分子式、分子量：

H₃C 的结构（灭线磷分子结构）

分子式：$C_8H_{19}O_2PS_2$

分子量：242.34

溶解性：水（mg/L）中溶解度为 750，可溶于大多数有机溶液剂[12]。

主要用途：杀线虫剂[2]。

检验方法：GB 23200.8，GB 23200.13，GB 23200.112，GB 23200.113，GB/T 23204，SN/T 0351，NY/T 761。

检测器：DAD，FPD，MS（ESI 源，EI 源）

光谱图：

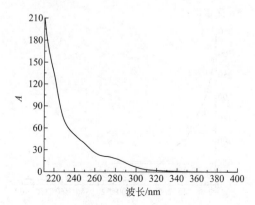

质谱图（ESI$^+$）：

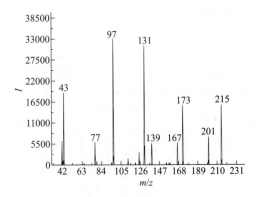

m/z 243＞97（定量离子对），m/z 243 ＞131。

91. 灭蝇胺

英文名：cyromazine

CAS 号：66215-27-8。

结构式、分子式、分子量：

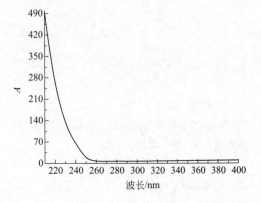

分子式：$C_6H_{10}N_6$

分子量：166.18

溶解性：易溶于乙腈[17]。

主要用途：杀虫剂[2]。

检验方法：GB/T 20769，GB/T 23211，NY/T 1725。

检测器：DAD，MS（ESI 源，EI 源）。

光谱图：

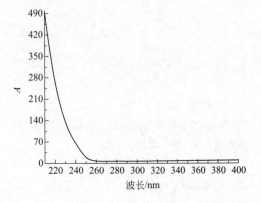

质谱图（ESI$^+$）：

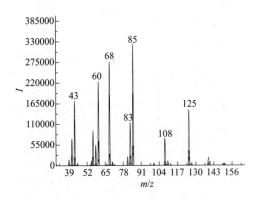

m/z 167＞85（定量离子对），m/z 167 ＞68。

92. 内吸磷

英文名：demeton

CAS 号：8065-48-3。

结构式、分子式、分子量：

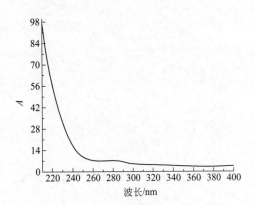

分子式：$C_8H_{19}O_3PS_2$

分子量：258.34

溶解性：溶于甲苯[9]。

主要用途：杀虫/杀螨剂[2]。

检验方法：GB 23200.13，GB/T 20769，GB/T 20770，GB/T 23204。

检测器：DAD，NPD，FPD，MS（ESI 源，EI 源）。

光谱图：

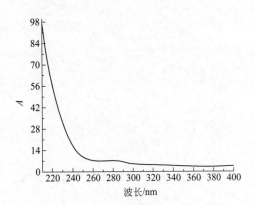

质谱图（ESI$^+$）：

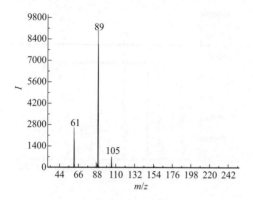

m/z 259＞89（定量离子对），m/z 259＞61。

93. 3-羟基克百威

英文名：3-hydroxycarbofuran

CAS 号：16655-82-6。

结构式、分子式、分子量：

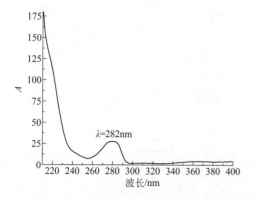

分子式：$C_{12}H_{15}NO_4$
分子量：237.25

溶解性：可溶于甲醇[11]。

主要用途：杀虫剂[2]。

检验方法：GB 23200.112，NY/T 761。

检测器：DAD，FLD（衍生），NPD，MS（ESI 源，EI 源）。

光谱图：

质谱图（ESI$^+$）：

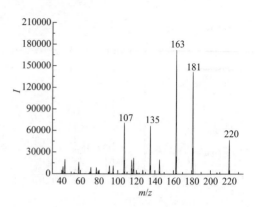

m/z 238＞163（定量离子对），m/z 238＞181。

94. 氰戊菊酯和 S-氰戊菊酯

英文名：fenvalerate & esfenvalerate

CAS 号：51630-58-1（氰戊菊酯，fenvalerate）、66230-04-4（S-氰戊菊酯，esfenvalerate）。

结构式、分子式、分子量：

氰戊菊酯

分子式：$C_{25}H_{22}ClNO_3$
分子量：419.90

S-氰戊菊酯

分子式：$C_{25}H_{22}ClNO_3$
分子量：419.90

溶解性：能溶于甲醇、丙酮、乙二醇、三氯甲烷、二甲苯等有机溶剂（g/L，20℃），溶解度均大于 450；微溶于己烷，难溶于水[4]。

主要用途：杀虫剂[2]。

检验方法：GB 23200.8，GB 23200.113，GB/T 5009.110，GB/T 23204，NY/T 761。

检测器：DAD，ECD，MS（ESI 源，EI 源）。

光谱图：

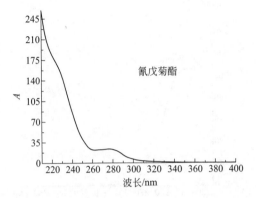

质谱图（ESI⁺）：

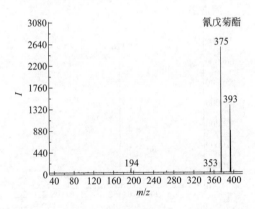

m/z 421＞375（定量离子对），m/z 421＞393。

95. 炔螨特

英文名：propargite

CAS 号：2312-35-8。

结构式、分子式、分子量：

分子式：$C_{19}H_{26}O_4S$

分子量：350.47

溶解性：易溶于丙酮、甲醇、乙醇、苯等大多数有机溶剂，水（mg/L）中溶解度

仅 0.5[4]。

主要用途：杀螨剂[2]。

检验方法：GB 23200.9，NY/T 1652。

检测器：DAD，FPD，MS（ESI 源，EI 源）。

光谱图：

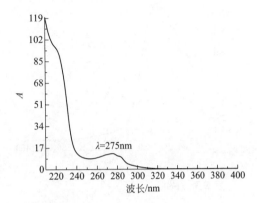

$\lambda=275nm$

质谱图（ESI⁺）：

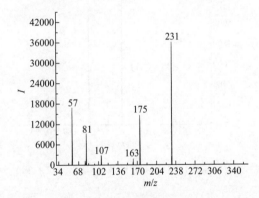

m/z 368＞231（定量离子对），m/z 368＞175。

96. 噻虫胺

英文名：clothianidin

CAS 号：210880-92-5。

结构式、分子式、分子量：

分子式：$C_6H_8ClN_5O_2S$

分子量：249.68

溶解性：可溶于甲醇[8,9]。

主要用途：杀虫剂[2]。

检验方法：GB 23200.39，GB/T 20769，GB/T 20770。

检测器：DAD，MS（ESI 源）。

光谱图：

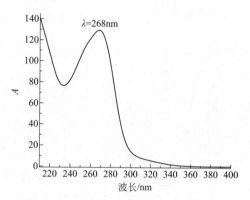

质谱图（ESI+）：

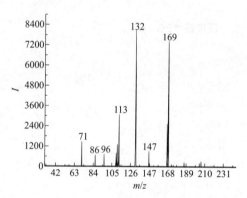

m/z 250＞132（定量离子对），m/z 250＞169。

97. 噻虫啉

英文名：thiacloprid

CAS 号：111988-49-9。

结构式、分子式、分子量：

分子式：$C_{10}H_9ClN_4S$

分子量：252.72

溶解性（mg/L，20℃）：水中的溶解度为185[5]。

主要用途：杀虫剂[2]。

检验方法：GB 23200.8，GB/T 20769，GB/T 20770。

检测器：DAD，MS（ESI 源）。

光谱图：

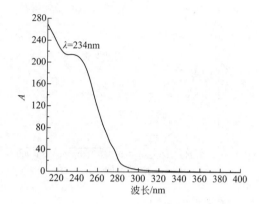

质谱图（ESI+）：

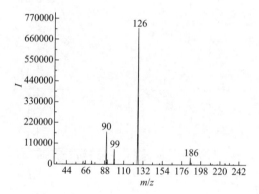

m/z 253＞126（定量离子对），m/z 253＞90。

98. 噻虫嗪

英文名：thiamethoxam

CAS 号：153719-23-4。

结构式、分子式、分子量：

分子式：$C_8H_{10}ClN_5O_3S$

分子量：291.71

溶解性：可溶于甲醇和甲苯[8,9,14]。

主要用途：杀虫剂[2]。

检验方法：GB 23200.8，GB 23200.9，

GB 23200.11，GB 23200.39，GB/T 20769，GB/T 20770。

检测器：DAD，MS（ESI 源，EI 源）。

光谱图：

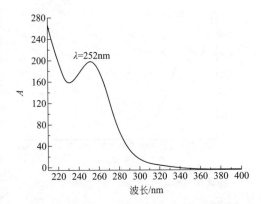

质谱图（ESI⁺）：

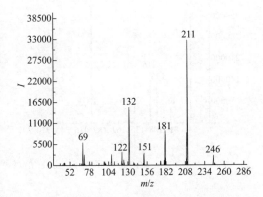

m/z 292＞211（定量离子对），*m/z* 292＞132。

99. 噻菌灵

英文名：thiabendazole

CAS 号：148-79-8。

结构式、分子式、分子量：

分子式：$C_{10}H_7N_3S$

分子量：201.25

溶解性：丙酮 28g/L，甲醇 9.3g/L，二甲基亚砜 80g/L，二甲基甲酰胺 39.0g/L，苯 2.3g/L，三氯甲烷 0.8g/L，水（25℃）中溶解度 1%（pH 2）、小于 50mg/L（pH 5～12）[4]。

主要用途：杀菌剂[2]。

检验方法：GB/T 20769，GB/T 20772，GB/T 23211，NY/T 1453，NY/T 1680。

检测器：DAD，FID，MS（ESI 源，EI 源）。

光谱图：

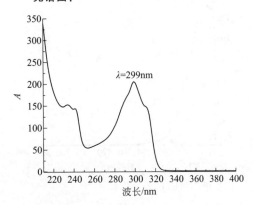

质谱图（ESI⁺）：

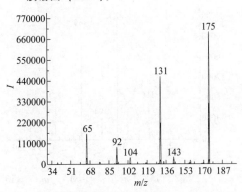

m/z 202＞175（定量离子对），*m/z* 202＞131。

100. 噻螨酮

英文名：hexythiazox

CAS 号：78587-05-0。

结构式、分子式、分子量：

分子式：$C_{17}H_{21}ClN_2O_2S$

分子量：352.88

溶解性（20℃）：丙酮 160g/L，甲醇 20.6g/L，乙腈 28.6g/L，二甲苯 362g/L，正己烷 3.9g/L，水 0.5mg/L[4]。

主要用途：杀螨剂[2]。

检验方法：GB 23200.8，GB/T 20769，GB/T 20770。

检测器：DAD，MS（ESI 源，EI 源）。

光谱图：

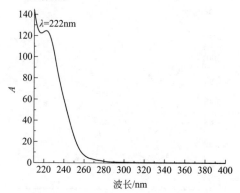

质谱图（ESI⁺）：

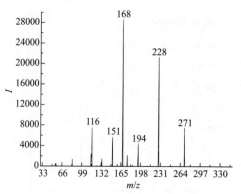

m/z 353＞168（定量离子对），m/z 353＞228。

101. 噻嗪酮

英文名：buprofezin

CAS 号：69327-76-0。

结构式、分子式、分子量：

分子式：$C_{16}H_{23}N_3OS$

分子量：305.44

溶解性（g/L）：三氯甲烷 520，苯 370，甲苯 320，丙酮 240，乙醇 80，难溶于水[4]。

主要用途：杀虫剂[2]。

检验方法：GB 23200.8，GB 23200.34，GB/T 5009.184，GB/T 20769，GB/T 23376。

检测器：DAD，NPD，MS（ESI 源，EI 源）。

光谱图：

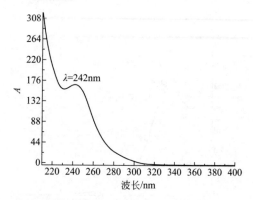

质谱图（ESI⁺）：

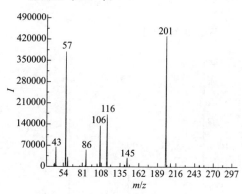

m/z 306＞201（定量离子对），m/z 306＞57。

102. 噻唑磷

英文名：fosthiazate

CAS 号：98886-44-3。

结构式、分子式、分子量：

分子式：$C_9H_{18}NO_3PS_2$

分子量：283.35

溶解性：水（g/L）中溶解度为 9.85[4]。

主要用途：杀线虫剂[2]。

检验方法：GB 23200.13，GB 23200.113，GB/T 20769。

检测器：DAD，FPD，MS（ESI 源，EI 源）。

光谱图：

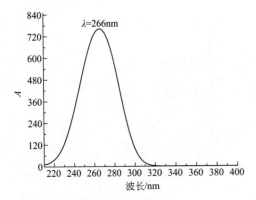

光谱图：

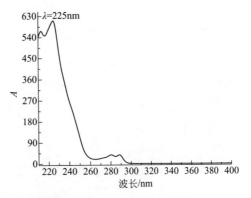

质谱图（ESI⁺）：

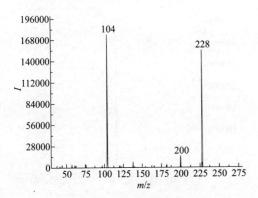

m/z 284＞104（定量离子对），m/z 284＞228。

质谱图（ESI⁺）：

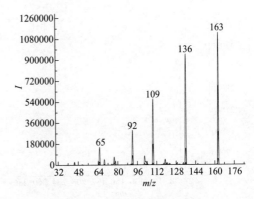

m/z 190＞163（定量离子对），m/z 190＞136。

103. 三环唑

英文名：tricyclazole

CAS 号：41814-78-2。

结构式、分子式、分子量：

分子式：$C_9H_7N_3S$

分子量：189.24

溶解性（%，25℃）：三氯甲烷＞50，二氯甲烷3.3，乙醇2.5，甲醇2.5，丙酮1，乙腈1，环己酮1，苯0.42，二甲苯0.21，正己烷＜0.01；水0.07[4]。

主要用途：杀菌剂[2]。

检验方法：GB/T 5009.115，NY/T 1379。

检测器：DAD，FPD，MS（ESI 源，EI 源）。

104. 三唑醇

英文名：triadimenol

CAS 号：55219-65-3。

结构式、分子式、分子量：

分子式：$C_{14}H_{18}ClN_3O_2$

分子量：295.76

溶解性：环己烷40%，异丙醇15%，二氯甲烷10%，甲苯4%；水中溶解度为0.12g/L[4]。

主要用途：杀菌剂[2]。

检验方法：GB 23200.8，GB 23200.9，GB 23200.113，GB/T 20769，SN/T 2232。

检测器：DAD，NPD，MS（ESI 源，EI 源）。

光谱图：

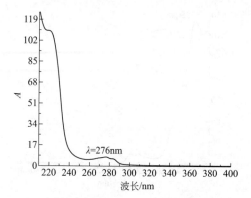

质谱图（ESI⁺）：

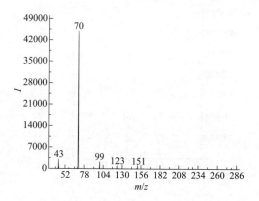

m/z 296＞70（定量离子对），m/z 296 ＞99。

光谱图：

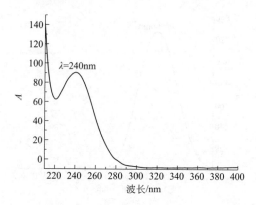

质谱图（ESI⁺）：

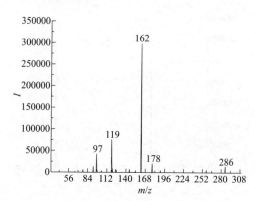

m/z 314＞162（定量离子对），m/z 314 ＞119。

105. 三唑磷

英文名：triazophos

CAS 号：24017-47-8。

结构式、分子式、分子量：

分子式：$C_{12}H_{16}N_3O_3PS$
分子量：313.31

溶解性（23℃）：可溶于大多数有机溶剂，水中溶解度为 39mg/L[4]。

主要用途：杀虫剂[2]。

检验方法：GB 23200.8，GB 23200.9，GB 23200.113，GB/T 20770，NY/T 761。

检测器：DAD，NPD，FPD，MS（ESI 源，EI 源）。

106. 三唑酮

英文名：triadimefon

CAS 号：43121-43-3。

结构式、分子式、分子量：

分子式：$C_{14}H_{16}ClN_3O_2$
分子量：293.75

溶解性（20℃）：异丙醇 20％～40％，环己酮 60％～120％，二氯甲烷 12％，甲苯 40％～60％，石油醚＜1％，水 64mg/L[4]。

主要用途：杀菌剂[2]。

检验方法：GB 23200.8，GB 23200.9，GB 23200.113，GB/T 5009.126，GB/T 20769，GB/T 20770，NY/T 761。

检测器：DAD，ECD，MS（ESI 源，EI 源，NCI 源）。

光谱图：

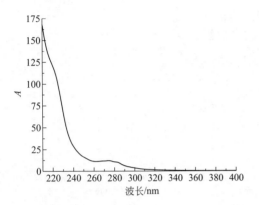

质谱图（ESI⁺）：

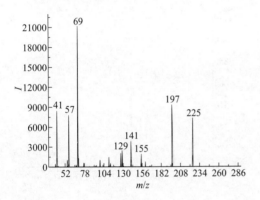

m/z 294＞69（定量离子对），*m/z* 294＞197。

107. 杀螟丹盐酸盐

英文名：cartap hydrochloride

CAS 号：15263-52-2。

结构式、分子式、分子量：

H₂N 结构

分子式：C₇H₁₆ClN₃O₂S₂

分子量：273.80

溶解性：微溶于甲醇，难溶于乙醇，不溶于丙酮、乙醚、三氯甲烷、己烷、苯等有机溶剂；水（g/L，25℃）中的溶解度为 200[4]。

主要用途：杀虫剂[2]。

检验方法：GB/T 20769，GB/T 20770。

检测器：DAD，ECD，FPD，MS（ESI

源，EI 源）。

光谱图：

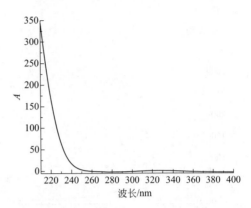

质谱图（ESI⁺）：

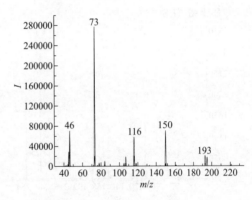

m/z 238＞73（定量离子对），*m/z* 238＞150。

108. 杀螟硫磷

英文名：fenitrothion

CAS 号：122-14-5。

结构式、分子式、分子量：

分子式：C₉H₁₂NO₅PS

分子量：277.23

溶解性：易溶于苯、二甲苯、乙醇、丙酮、乙醚、三氯甲烷等多种有机溶剂；在脂肪烃中溶解度较低，石油醚中为 7%，煤油中为 4%；难溶于水[4]。

主要用途：杀虫剂[2]。

检验方法：GB 23200.113，GB/T 5009.20，

GB/T 14553，GB/T 20769，NY/T 761。

检测器：DAD，FPD，NPD，MS（ESI源，EI源）。

光谱图：

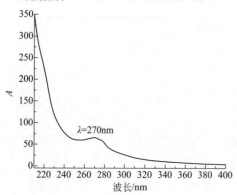

质谱图（ESI⁺）：

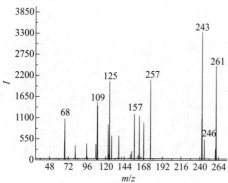

m/z 278＞243（定量离子对），m/z 278＞261。

109. 杀扑磷

英文名：methidathion

CAS 号：950-37-8。

结构式、分子式、分子量：

分子式：$C_6H_{11}N_2O_4PS_3$
分子量：302.33

溶解性（20℃）：环己酮 850g/kg，丙酮 690g/kg，二甲苯 600g/kg，乙醇 260g/kg，水 250mg/kg[4]。

主要用途：杀虫剂[2]。

检验方法：GB 23200.8，GB 23200.113，GB/T 14553，GB/T 20772，NY/T 761。

检测器：DAD，FPD，NPD，ECD，MS（ESI源，EI源）。

色谱图：

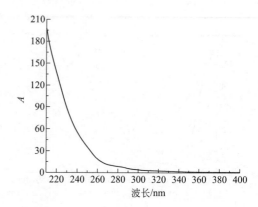

质谱图（ESI⁺）：

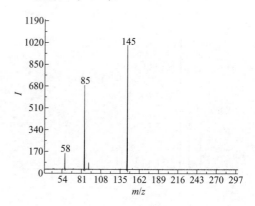

m/z 303＞145（定量离子对），m/z 303＞85。

110. 杀线威

英文名：oxamyl

CAS 号：23135-22-0。

结构式、分子式、分子量：

分子式：$C_7H_{13}N_3O_3S$
分子量：219.26

溶解性：可溶于甲醇、乙腈和丙酮[18,19]。

主要用途：杀虫剂[2]。

检验方法：GB 23200.13，SN/T 0134，SN/T 1017.7，NY/T 1453。

检测器：DAD，MS（ESI源）。

光谱图：

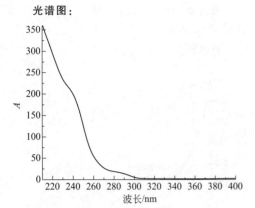

质谱图（ESI⁺）：

m/z 242＞72（定量离子对），m/z 242 ＞121。

111. 双甲脒

英文名：amitraz

CAS 号：33089-61-1。

结构式、分子式、分子量：

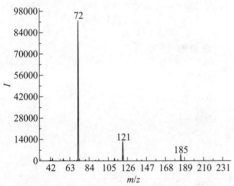

分子式：$C_{19}H_{23}N_3$
分子量：293.41

溶解性：溶于丙酮、二甲苯、甲醇等有机溶剂，丙酮 500g/L，甲苯 300g/L；水中溶解度为 1mg/L[4]。

主要用途：杀螨剂[2]。

检验方法：GB 23200.103，GB 29707，GB/T 5009.143，GB/T 21169。

检测器：DAD，ECD，NPD，MS（ESI

源，EI 源）。

光谱图：

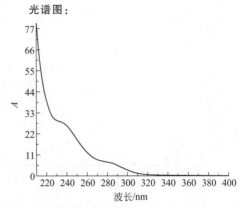

质谱图（ESI⁺）：

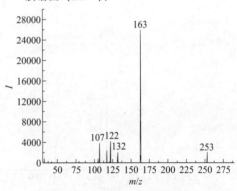

m/z 294＞163（定量离子对），m/z 294 ＞122。

112. 霜霉威

英文名：propamocarb

CAS 号：24579-73-5。

结构式、分子式、分子量：

分子式：$C_9H_{20}N_2O_2$
分子量：188.27

溶解性（g/L，25℃）：甲醇＞500，异丙醇＞300，二氯甲烷＞430，甲苯＜0.1，己烷＜0.1，乙酸乙酯 23，水 867[4]。

主要用途：杀菌剂[2]。

检验方法：GB/T 20769，GB/T 20772，GB/T 23211，SN 0685，NY/T 1379。

检测器：DAD，NPD，MS（ESI 源，EI 源）。

光谱图：

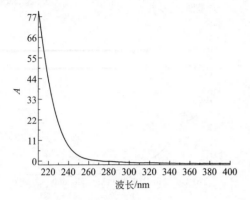

质谱图（ESI⁺）：

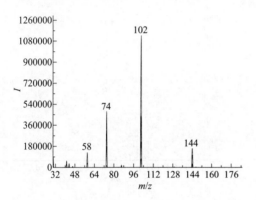

m/z 189＞102（定量离子对），m/z 189＞74。

113. 水胺硫磷

英文名：isocarbophos

CAS 号：24353-61-5。

结构式、分子式、分子量：

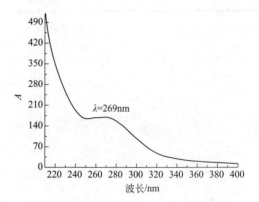

分子式：$C_{11}H_{16}NO_4PS$
分子量：289.29

溶解性：溶于乙醚、丙酮、乙酸乙酯、苯、乙醇等有机溶剂，难溶于石油醚，不溶于水[4]。

主要用途：杀虫剂[2]。

检验方法：GB 23200.9，GB 23200.113，GB/T 5009.20，GB/T 23204，NY/T 761。

检测器：DAD，FPD，MS（ESI 源，EI 源）。

光谱图：

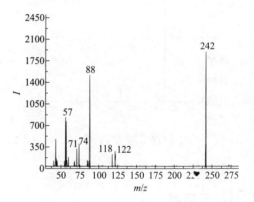

$\lambda=269nm$

质谱图（ESI⁺）：

m/z 290＞242（定量离子对），m/z 290＞88。

114. 四螨嗪

英文名：clofentezine

CAS 号：74115-24-5。

结构式、分子式、分子量：

分子式：$C_{14}H_8Cl_2N_4$
分子量：303.15

溶解性（25℃）：二氯甲烷 37g/kg，环己烷 1.7g/kg，乙醇 0.5g/kg，三氯甲烷 50g/L，丙酮 9.3g/L，苯 2.5g/L，己烷 1g/L，水＜1mg/L[4]。

主要用途：杀螨剂[2]。

检验方法：GB 23200.8，GB 23200.47，GB/T 20769，GB/T 20770。

检测器：DAD，MS（ESI 源，EI 源）。

光谱图：

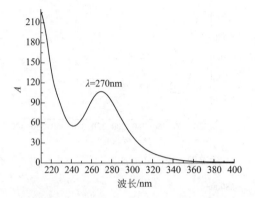

质谱图（ESI+）：

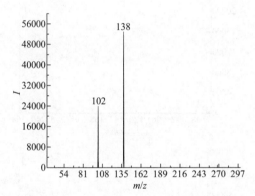

m/z 303＞138（定量离子对），m/z 303＞102。

115. 涕灭威

英文名：aldicarb

CAS 号：116-06-3。

结构式、分子式、分子量：

分子式：$C_7H_{14}N_2O_2S$
分子量：190.26

溶解性：水（25℃）中溶解度为 0.6%，可溶于丙酮、三氯甲烷、苯和四氯化碳等大多数有机溶剂[12]。

主要用途：杀虫剂[2]。

检验方法：GB 23200.112，SN/T 2441，SN/T 2560，NY/T 761。

检测器：DAD，FLD（衍生），FPD，MS（ESI 源，EI 源）。

光谱图：

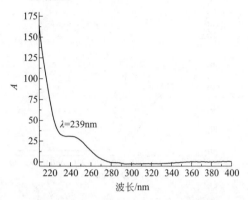

质谱图（ESI+）：

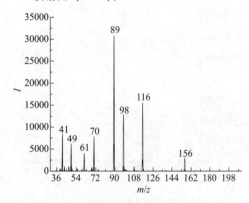

m/z 213＞89（定量离子对），m/z 213＞116。

116. 肟菌酯

英文名：trifloxystrobin

CAS 号：141517-21-7。

结构式、分子式、分子量：

分子式：$C_{20}H_{19}F_3N_2O_4$
分子量：408.37

溶解性（μg/L，25℃）：水 610[5]。

主要用途：杀菌剂[2]。

检验方法：GB 23200.8，GB/T 20769，GB/T

20770。

检测器：DAD，ECD，MS（ESI 源，EI 源）。

光谱图：

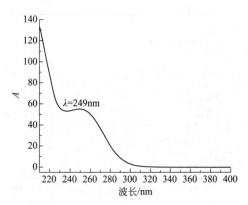

质谱图（ESI$^+$）：

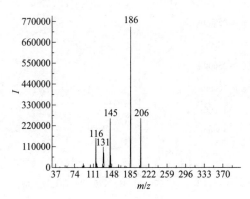

m/z 409＞186（定量离子对），m/z 409＞206。

117. 五氯酚

英文名：pentachlorophenol

CAS 号：87-86-5。

结构式、分子式、分子量：

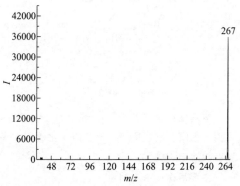

分子式：C_6HCl_5O
分子量：266.34

溶解性：几乎不溶于水，溶于稀碱液、乙醇、丙酮、乙醚、苯、卡必醇、溶纤剂等，微溶于烃类[20]。

主要用途：除草剂[20]。

检验方法：GB 23200.92，GB 29708。

检测器：DAD，MS（ESI 源）。

光谱图：

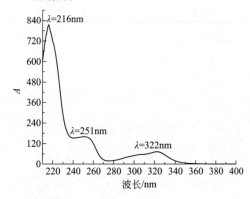

质谱图（ESI$^-$）：

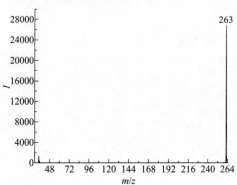

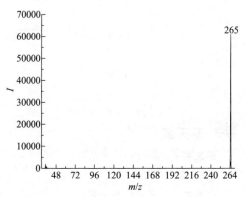

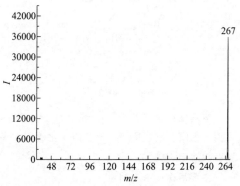

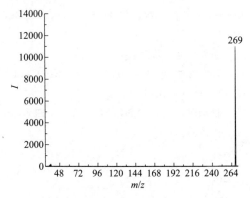

m/z 265＞265（定量离子对），m/z 263＞263，267＞267，269＞269。

多反应监测图：

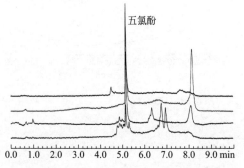

色谱柱：Shim-pack XR-ODS Ⅲ（2.0mm×75mm，1.6μm）；柱温：40℃；进样量：10μL；流速：0.3mL/min；流动相：A—含0.1%甲酸的2mmol/L甲酸铵溶液，B—甲醇；梯度洗脱：

时间/min	0	4	7	7.1	10
A/%	60	5	5	60	60
B/%	40	95	95	40	40

电离模式：ESI，负离子扫描；扫描模式：多反应监测（MRM）；化合物 MRM 参数略。

118. 五氯硝基苯

英文名：quintozene

CAS 号：82-68-8。

结构式、分子式、分子量：

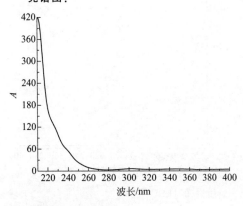

分子式：$C_6Cl_5NO_2$

分子量：295.33

溶解性：易溶于苯、三氯甲烷、二硫化碳；稍溶于乙醇；难溶于水[4]。

主要用途：杀菌剂[2]。

检验方法：GB 23200.8，GB 23200.113，GB/T 5009.19，GB/T 5009.136，GB/T 5009.162。

检测器：DAD，ECD，MS（ESI 源，EI 源）。

光谱图：

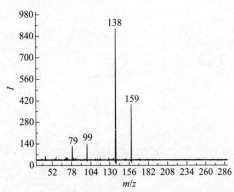

质谱图（ESI+）：

m/z 296＞138（定量离子对），m/z 296＞159。

119. 戊菌唑

英文名：penconazole

CAS 号：66246-88-6。

结构式、分子式、分子量：

分子式：$C_{13}H_{15}Cl_2N_3$

分子量：284.18

溶解性（g/L，25℃）：水 0.073，乙醇 730，丙酮 770，甲苯 610，正己烷 24，正辛醇 400[5]。

主要用途：杀菌剂[2]。

检验方法：GB 23200.8，GB 23200.113，GB/T 20769，GB/T 23204。

检测器：DAD，MS（ESI 源，EI 源）。

光谱图：

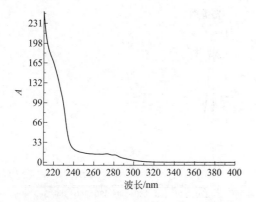

质谱图（ESI+）：

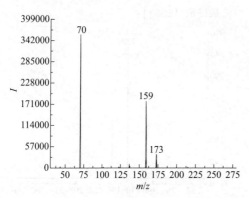

m/z 284＞70（定量离子对），m/z 284＞159。

120. 戊唑醇

英文名：tebuconazole

CAS 号：107534-96-3。

结构式、分子式、分子量：

Cl——〇——OHCH₃ CH₃ CH₃ N N N

分子式：C₁₆H₂₂ClN₃O

分子量：307.82

溶解性（g/L，20℃）：水 0.036，二氯甲

烷＞200，异丙醇、甲苯 50～100，己烷＜0.1[5]。

主要用途：杀菌剂[2]。

检验方法：GB 23200.8，GB 23200.113，GB/T 20769，GB/T 20770。

检测器：DAD，NPD，MS（ESI 源，EI 源）。

光谱图：

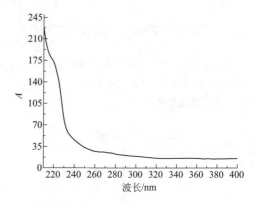

质谱图（ESI+）：

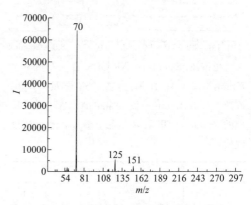

m/z 308＞70（定量离子对），m/z 308＞125。

121. 烯草酮

英文名：clethodim

CAS 号：99129-21-2。

结构式、分子式、分子量：

H₃C—S—CH₃ O N—O—CH₃ Cl OH

分子式：C₁₇H₂₆ClNO₃S

分子量：359.91

溶解性：溶于大多数有机试剂[6]。

主要用途：除草剂[2]。

检验方法：GB 23200.8，GB 23200.9，GB/T 20770，SN/T 2325。

检测器：DAD，MS（ESI 源，EI 源）。

光谱图：

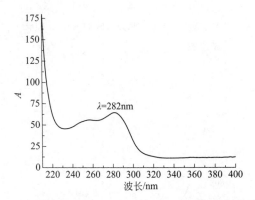

质谱图（ESI+）：

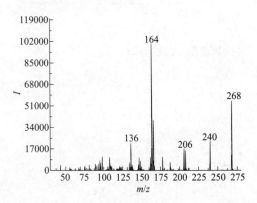

m/z 360＞164（定量离子对），m/z 360＞268。

122. 烯酰吗啉

英文名：dimethomorph

CAS 号：110488-70-5。

结构式、分子式、分子量：

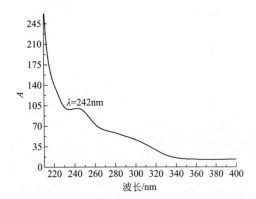

分子式：$C_{21}H_{22}ClNO_4$
分子量：387.86

溶解性（g/L，20℃）：水 0.019（pH5）、

水 0.018（pH7）、水 0.016（pH9）、丙酮 88、N,N-二甲基酰胺 272、己烷 0.04[5]。

主要用途：杀菌剂[2]。

检验方法：GB/T 20769。

检测器：DAD，FID，MS（ESI 源，EI 源）。

光谱图：

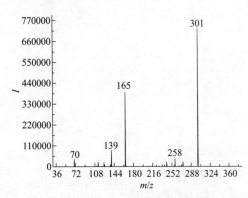

质谱图（ESI+）：

m/z 388＞301（定量离子对），m/z 388＞165。

123. 烯唑醇

英文名：diniconazole

CAS 号：83657-24-3。

结构式、分子式、分子量：

分子式：$C_{15}H_{17}Cl_2N_3O$
分子量：326.22

溶解性：水（mg/L，25℃）中溶解度为

4.1，其他溶剂中溶解度（g/kg，25℃）：甲醇、丙酮95，二甲苯14，己烷0.7[4]。

主要用途：杀菌剂[2]。

检验方法：GB 23200.8，GB/T 5009.201，GB/T 20769，GB/T 20770。

检测器：DAD，ECD，NPD，MS（ESI源，EI源）。

光谱图：

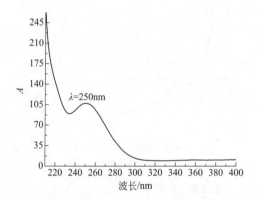

质谱图（ESI⁺）：

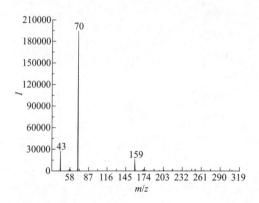

m/z 326＞70（定量离子对），m/z 326＞159。

124. 辛硫磷

英文名：phoxim

CAS号：14816-18-3。

结构式、分子式、分子量：

分子式：$C_{12}H_{15}N_2O_3PS$
分子量：298.30

溶解性：水（mg/L，20℃）中溶解度为0.7，易溶于醇、酮、芳烃、卤代烷等有机溶剂，稍溶于脂肪烃、植物油和矿物油[12]。

主要用途：杀虫剂[2]。

检验方法：GB/T 5009.102，GB/T 20769，SN/T 3769，NY/T 1601。

检测器：DAD，FPD，MS（ESI源，EI源）。

光谱图：

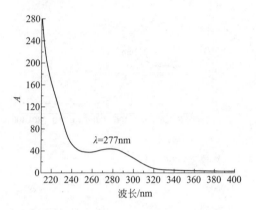

质谱图（ESI⁺）：

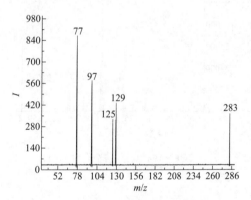

m/z 299＞77（定量离子对），m/z 299＞97。

125. 溴螨酯

英文名：bromopropylate

CAS号：18181-80-1。

结构式、分子式、分子量：

分子式：$C_{17}H_{16}Br_2O_3$
分子量：428.12

溶解性：可溶于甲苯和丙酮[14,21]。

主要用途：杀螨剂[2]。

检验方法：GB 23200.8，GB 23200.113，GB/T 18932.10，SN/T 0192，NY/T 1379。

检测器：DAD，ECD，MS（ESI 源，EI 源）。

光谱图：

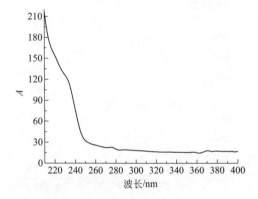

质谱图（ESI+）：

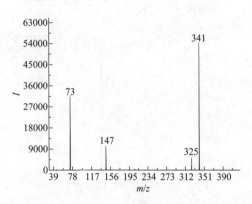

m/z 429＞341（定量离子对），m/z 429＞73。

126. 溴氰菊酯

英文名：deltamethrin

CAS 号：52918-63-5。

结构式、分子式、分子量：

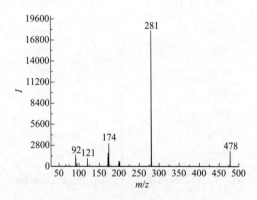

分子式：$C_{22}H_{19}Br_2NO_3$

分子量：505.20

溶解性：水＜0.002（mg/L，20℃），溶于丙酮和二甲苯等多数芳香族溶剂[12]。

主要用途：杀虫剂[2]。

检验方法：GB 23200.9，GB 23200.113，GB/T 5009.110，SN/T 0217，NY/T 761。

检测器：DAD，FPD，ECD，MS（ESI 源，EI 源）。

光谱图：

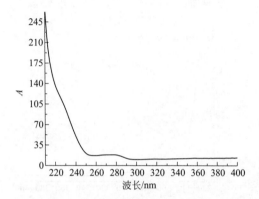

质谱图（ESI+）：

m/z 506＞281（定量离子对），m/z 506＞174。

127. 亚胺硫磷

英文名：phosmet

CAS 号：732-11-6。

结构式、分子式、分子量：

分子式：$C_{11}H_{12}NO_4PS_2$

分子量：317.32

溶解性（g/L，25℃）：水 0.022，丙酮 650，苯 600，甲苯 300，二甲苯 250，甲醇 50，煤油 5[12]。

主要用途：杀虫剂[2]。

检验方法：GB 23200.8，GB 23200.113，GB/T 5009.131，GB/T 20770，NY/T 761。

检测器：DAD，FPD，ECD，MS（ESI 源，EI 源）。

光谱图：

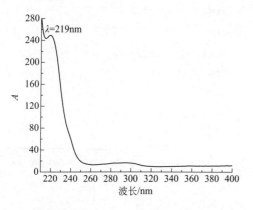

质谱图（ESI+）：

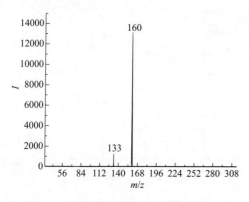

m/z 318＞160（定量离子对），m/z 318＞133。

128. 氧乐果

英文名：omethoate

CAS 号：1113-02-6。

结构式、分子式、分子量：

$$H_3C-NH$$

分子式：$C_5H_{12}NO_4PS$

分子量：213.19

溶解性：能溶于水，易溶于乙醇、丙酮、苯等，微溶于乙醚[12]。

主要用途：杀虫剂[2]。

检验方法：GB 23200.13，GB 23200.113，GB/T 20770，SN/T 1739，NY/T 761，NY/T 1379。

检测器：NPD，FPD，MS（ESI 源，EI 源）。

光谱图：

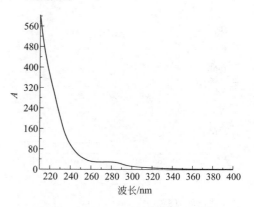

质谱图（ESI+）：

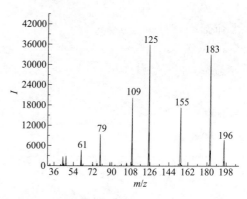

m/z 214＞125（定量离子对），m/z 214＞183。

129. 乙螨唑

英文名：etoxazole

CAS 号：153233-91-1。

结构式、分子式、分子量：

分子式：$C_{21}H_{23}F_2NO_2$

分子量：359.41

溶解性：溶于环己烷[14]。

主要用途：杀螨剂[2]。

检验方法：GB 23200.8，GB 23200.113。

检测器：DAD，MS（ESI 源，EI 源）。

光谱图：

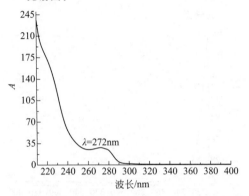

质谱图（ESI+）：

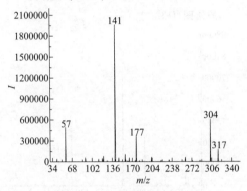

m/z 360＞141（定量离子对），m/z 360＞304。

130. 乙霉威

英文名：diethofencarb

CAS 号：87130-20-9。

结构式、分子式、分子量：

分子式：$C_{14}H_{21}NO_4$

分子量：267.32

溶解性（20℃）：水 26.6mg/L，己烷 1.3g/kg，甲醇 101g/kg，二甲苯 30g/kg[5]

主要用途：杀菌剂[2]。

检验方法：GB 23200.8，GB 23200.9，GB/T 20769。

检测器：DAD，NPD，MS（ESI 源，EI 源）。

光谱图：

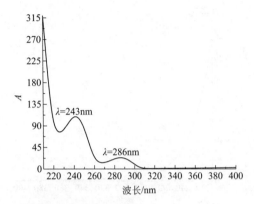

质谱图（ESI+）：

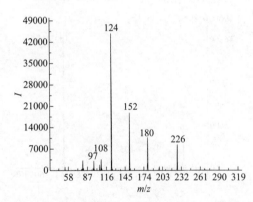

m/z 268＞124（定量离子对），m/z 268＞152。

131. 乙酰甲胺磷

英文名：acephate

CAS 号：30560-19-1。

结构式、分子式、分子量：

分子式：$C_4H_{10}NO_3PS$

分子量：183.17

溶解性：易溶于甲醇、乙醇、丙酮、二氯乙烷、二氯甲烷，稍溶于苯、甲苯、二甲苯，在酒精、丙酮中的溶解度为65%[4]。

主要用途：杀虫剂[2]。

检验方法：GB 23200.113，GB/T 5009.103，GB/T 5009.145，SN/T 1950，SN/T 3768，NY/T 761。

检测器：NPD，FPD，MS（ESI源，EI源）。

光谱图：

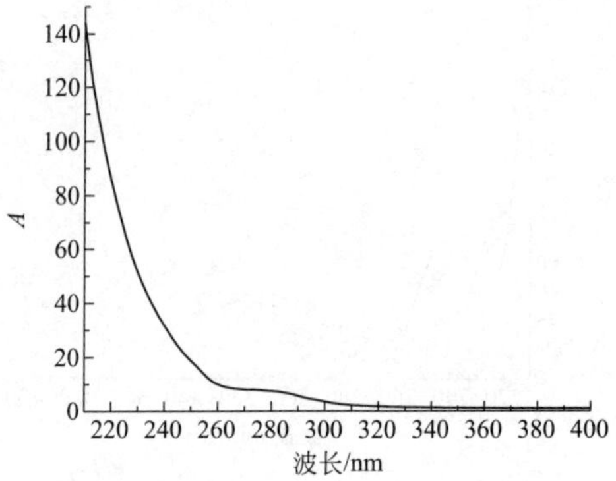

质谱图（ESI^+）：

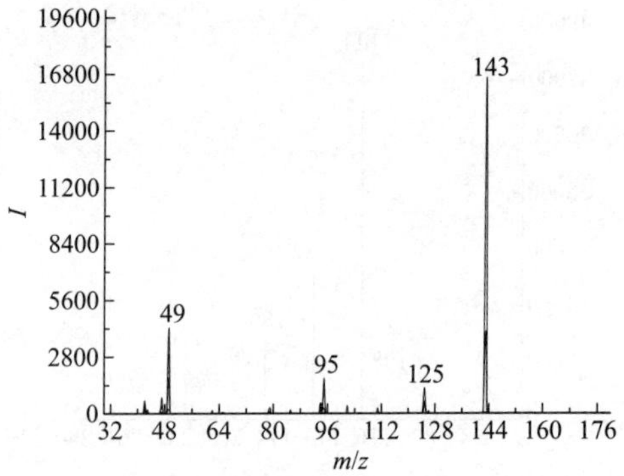

m/z 184>143（定量离子对），m/z 184>49。

132. 异丙威

英文名：isoprocarb

CAS号：2631-40-5。

结构式、分子式、分子量：

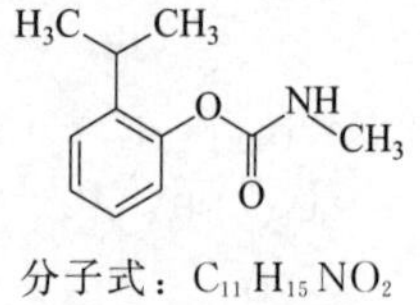

分子式：$C_{11}H_{15}NO_2$
分子量：193.24

溶解性：易溶于丙酮（400g/L）、二甲基甲酰胺，二甲基亚砜、环己烷，可溶于甲醇（125g/L）、乙醇、异丙醇，难溶于芳烃（二甲苯<50g/L），不溶于卤代烃和水（265mg/L）[4]。

主要用途：杀虫剂[2]。

检验方法：GB 23200.112，GB23200.113，GB/T 5009.104，NY/T 761。

检测器：DAD，FLD（衍生），NPD，MS（ESI源，EI源）。

光谱图：

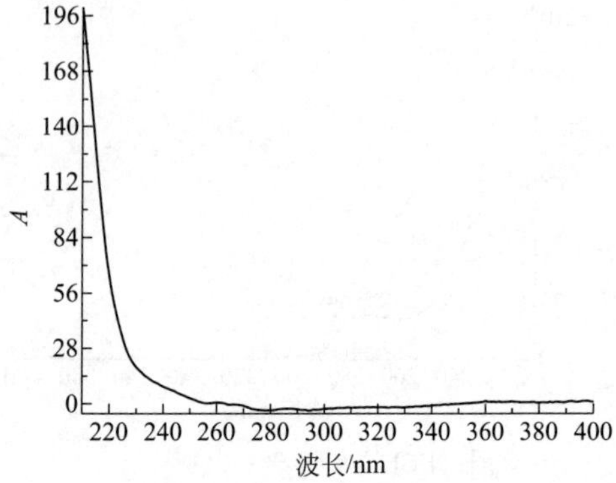

质谱图（ESI^+）：

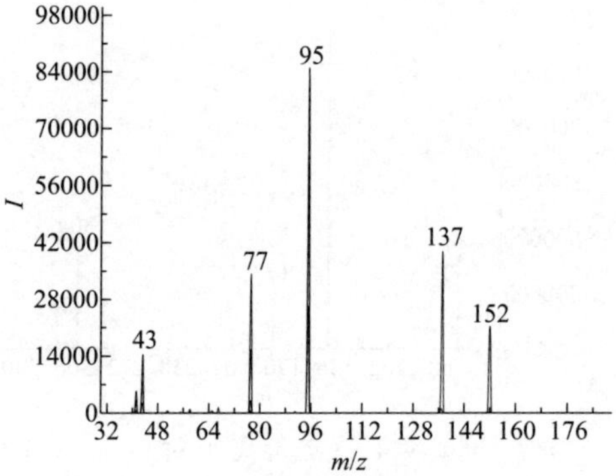

m/z 194>95（定量离子对），m/z 194>137。

133. 异菌脲

英文名：iprodione

CAS号：36734-19-7。

结构式、分子式、分子量：

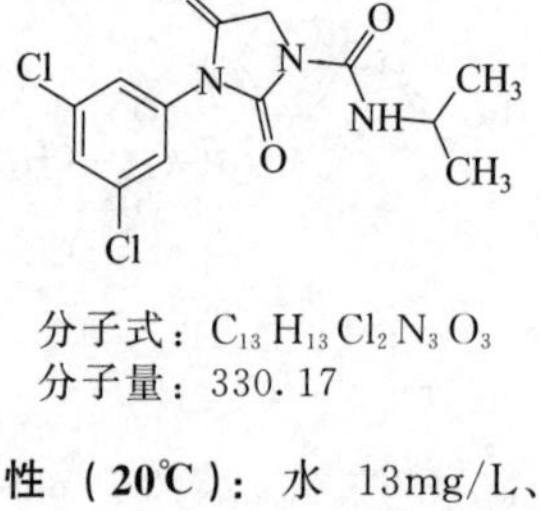

分子式：$C_{13}H_{13}Cl_2N_3O_3$
分子量：330.17

溶解性（20℃）：水13mg/L、正辛醇10g/L，乙腈168g/L，甲苯150g/L，乙酸乙酯225g/L，丙酮342g/L，二氯甲烷450g/L[5]。

主要用途：杀菌剂[2]。

检验方法：GB 23200.8，GB 23200.9，GB 23200.113，NY/T 761，NY/T 1277。

检测器：DAD，ECD，MS（ESI 源，EI 源，NCI 源）。

光谱图：

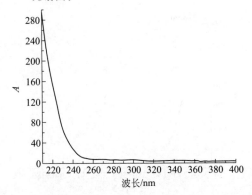

质谱图（ESI+）：

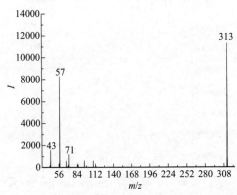

m/z 331＞313（定量离子对），m/z 331＞57。

134. 抑霉唑

英文名：imazalil

CAS 号：35554-44-0。

结构式、分子式、分子量：

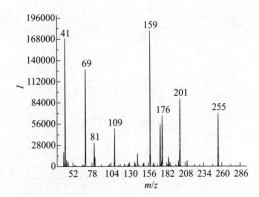

分子式：$C_{14}H_{14}Cl_2N_2O$
分子量：297.18

溶解性：易溶于乙醇、甲醇、苯、二甲苯、正庚烷、己烷、石油醚等有机溶剂，溶解度＞500g/L；微溶于水（0.18g/L，pH7.6）[4]。

主要用途：杀菌剂[2]。

检验方法：GB 23200.8，GB 23200.113，GB/T 20769，GB/T 20770。

检测器：DAD，ECD，NPD，MS（ESI 源，EI 源）。

光谱图：

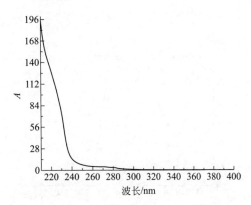

质谱图（ESI+）：

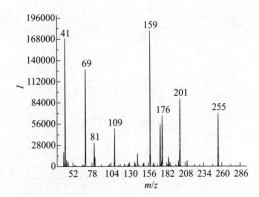

m/z 297＞159（定量离子对），m/z 297＞201。

135. 茚虫威

英文名：indoxacarb

CAS 号：144171-61-9。

结构式、分子式、分子量：

分子式：$C_{22}H_{17}ClF_3N_3O_7$
分子量：527.83

溶解性：可溶于甲醇[8]。

主要用途：杀虫剂[2]。

检验方法：GB 23200.13，GB/T 20769，GB/T 20770。

检测器：DAD，ECD，MS（ESI 源，EI 源）。

光谱图：

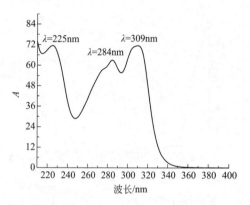

质谱图（ESI+）：

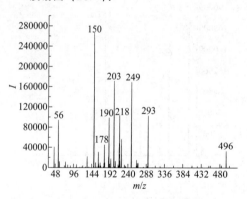

m/z 528＞150（定量离子对），m/z 528 ＞203。

136. 莠灭净

英文名：ametryn

CAS 号：834-12-8。

结构式、分子式、分子量：

H₃C S 结构

分子式：C₉H₁₇N₅S
分子量：227.33

溶解性：丙酮 500g/L，甲醇 450g/L，甲苯 400g/L，水 18.5mg/L[4]。

主要用途：除草剂[2]。

检验方法：GB 23200.8，GB 23200.113，GB/T 23816。

检测器：DAD，FPD，MS（ESI 源，EI 源）。

光谱图：

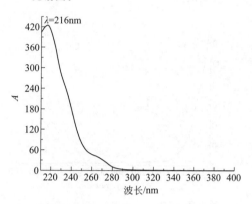

质谱图（ESI+）：

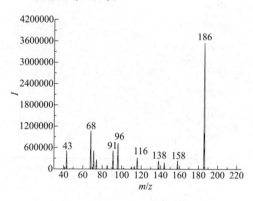

m/z 228＞186（定量离子对），m/z 228 ＞68。

137. 莠去津

英文名：atrazine

CAS 号：102029-43-6。

结构式、分子式、分子量：

Cl 结构

分子式：C₈H₁₄ClN₅
分子量：215.68

溶解性（25℃）：甲醇 1.8%，三氯甲烷 5.2%，水 33mg/L[4]。

主要用途：除草剂[2]。

检验方法：GB 23200.8，GB 23200.12，GB 23200.13，GB 23200.113，GB/T 5009.132，GB/T 20769，NY/T 761。

检测器：DAD，ECD，NPD，MS（ESI源，EI源）。

光谱图：

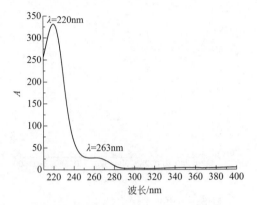

质谱图（ESI⁺）：

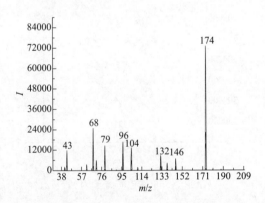

m/*z* 216＞174（定量离子对），*m*/*z* 216＞68。

138. 仲丁威

英文名：fenobucarb

CAS 号：3766-81-2。

结构式、分子式、分子量：

分子式：C₁₂H₁₇NO₂
分子量：207.27

溶解性：易溶于苯、甲苯、二甲苯、甲醇、丙酮等有机试剂，水（mg/L）中溶解度

为 660[4]。

主要用途：杀虫剂[2]。

检验方法：GB 23200.112，GB 23200.113，GB/T 5009.145，SN/T 2560，NY/T 761，NY/T 1679。

检测器：DAD，FLD（衍生），NPD，MS（ESI源，EI源）。

光谱图：

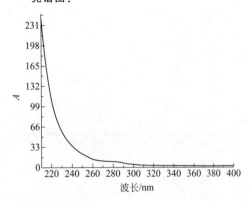

质谱图（ESI⁺）：

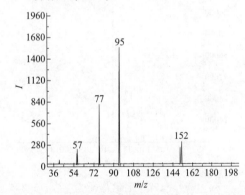

m/*z* 208＞95（定量离子对），*m*/*z* 208＞77。

139. 唑虫酰胺

英文名：tolfenpyrad

CAS 号：129558-76-5。

结构式、分子式、分子量：

分子式：C₂₁H₂₂ClN₃O₂
分子量：383.87

127

溶解性：可溶于甲醇[8]。

主要用途：杀虫剂[2]。

检验方法：GB/T 20769。

检测器：DAD，NPD，MS（ESI 源，EI 源）。

光谱图：

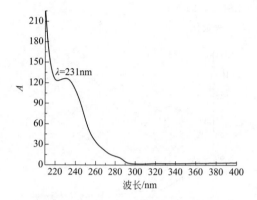

质谱图（ESI+）：

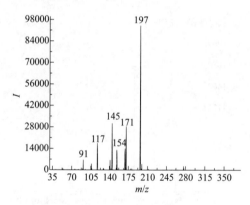

m/z 384＞197（定量离子对），m/z 384＞145。

140. 唑螨酯

英文名：fenpyroximate

CAS 号：134098-61-6。

结构式、分子式、分子量：

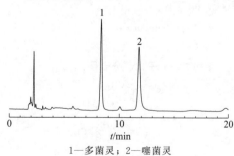

分子式：$C_{24}H_{27}N_3O_4$

分子量：421.49

溶解性：溶于某些有机溶剂，甲苯 0.61g/L，丙酮 154g/L，甲醇 15.1g/L，己烷 4.0g/

L，难溶于水（0.015mg/L）[4]。

主要用途：杀螨剂[2]。

检验方法：GB 23200.8，GB 23200.9，GB/T 20769，GB/T 20770。

检测器：DAD，MS（ESI 源，EI 源）。

光谱图：

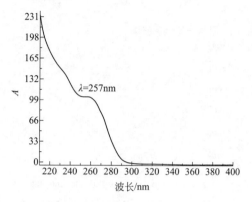

质谱图（ESI+）：

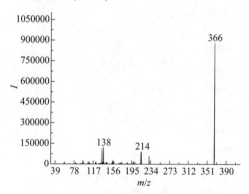

m/z 422＞366（定量离子对），m/z 422＞138。

141. 多菌灵和噻菌灵

液相色谱图：

1—多菌灵；2—噻菌灵

色谱柱：Diamonsil C18（2）（250mm×4.6mm，5μm）；柱温：30℃；检测波长：

288nm；进样量：20μL；流速：1.0mL/min；流动相：0.01mol/L Na$_2$HPO$_4$ 和 0.01mol/L NaH$_2$PO$_4$-乙腈（75：25，体积比）。

142. 氨基甲酸酯类农药

液相色谱图：

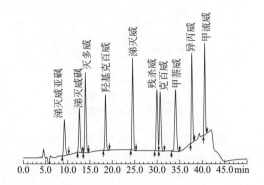

色谱柱：InertSustain C18（250mm × 4.6mm，5μm）；柱温：30℃；荧光检测器：激发波长：338nm，发射波长：446nm；进样量：15μL；流速：0.8mL/min；流动相：A—水，B—乙腈；梯度洗脱。

时间/min	0	2	20	30	38	38.10
A/%	88	88	60	60	25	88
B/%	12	12	40	40	75	12

柱后衍生参数略。

143. 有机磷类农药

气相色谱图：

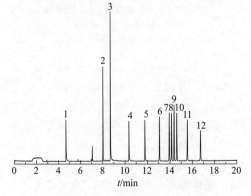

1—敌百虫；2—敌敌畏；3—甲胺磷；
4—乙酰甲胺磷；5—氧乐果；6—乐果；
7—毒死蜱；8—甲基对硫磷；9—倍硫磷；
10—杀螟硫磷；11—水胺硫磷；12—杀扑磷

色谱柱：HP-1701（30m × 0.32mm × 0.25μm）；升温程序：初始温度 60℃，保持 1min，以 20℃/min升温至 220℃，保持 1min，以 5℃/min升温至 270℃；载气：氮气，流量 1.0mL/min，纯度 ≥99.999%；进样口温度：250℃；进样量：2.0μL；进样方式：不分流；燃气：氢气，流量 78mL/min，纯度 ≥99.999%；助燃气：空气，流量 60mL/min；检测器：火焰光度检测器（FPD）；检测器温度：250℃。

144. 拟除虫菊酯类农药

气相色谱图：

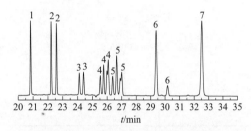

1—联苯菊酯；2—氯氟氰菊酯和高效氯氟氰菊酯；
3—氯菊酯；4—氟氯氰菊酯和高效氟氯氰菊酯；
5—氯氰菊酯和高效氯氰菊酯；
6—氰戊菊酯和S-氰戊菊酯；7—溴氰菊酯

色谱柱：SH-Rtx-5（30m × 0.25mm × 0.25μm）；升温程序：初始温度 150℃，保持 2min，以 6℃/min升温至 270℃，保持 13min；载气：氮气；柱流速：1mL/min；进样口温度：220℃；进样量：1μL；进样方式：不分流进样；检测器：电子捕获检测器（ECD）；检测器温度：250℃。

145. 大环内酯类农药

多反应监测图：

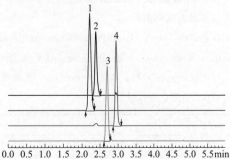

1—埃普莉诺素；2—阿维菌素；
3—多拉菌素；4—伊维菌素

色谱柱：Shim-pack GISTC18（50mm × 2.1mm，2μm）；柱温：40℃；进样量：5μL；流速：0.3mL/min；流动相：A—5mmol/L 乙酸铵溶液，B—乙腈；梯度洗脱。

电离模式：ESI，负离子扫描；扫描模式：多反应监测（MRM）；化合物 MRM 参数略。

时间/min	0	3	4	4.5	6
A/%	20	0	0	20	20
B/%	80	100	100	80	80

146. 草甘膦及其代谢物

多反应监测图：

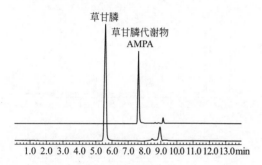

色谱柱：InertSustainBio C18（150mm×2.1mm，3μm）；柱温：40℃；进样量：5μL；流速：0.3mL/min；流动相：A—5mmol/L 乙酸铵溶液，B—乙腈；梯度洗脱：

时间/min	0	6	7.01	9	9.01	14
A/%	92	65	5	5	92	92
B/%	8	35	95	95	8	8

电离模式：ESI，正离子扫描；扫描模式：多反应监测（MRM）；化合物 MRM 参数略。

147. 氟虫腈及其代谢物

多反应监测图：

色谱柱：Shim-pack GISTC18（50mm×2.1mm，2μm）；柱温：40℃；进样量：0.2μL；流速：0.4mL/min；流动相：A—1mmol/L 乙酸铵溶液，B—甲醇；梯度洗脱：

时间/min	0	1.5	2.5	2.51	4
A/%	25	5	5	25	25
B/%	75	95	95	75	75

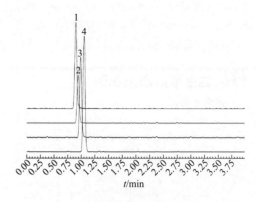

1—氟甲腈；2—氟虫腈；
3—氟虫腈硫醚；4—氟虫腈砜

电离模式：ESI，负离子扫描；扫描模式：多反应监测（MRM）；化合物 MRM 参数略。

148. 多农药残留

总离子流图：

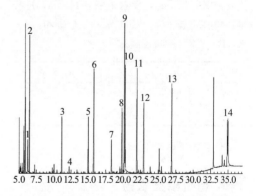

1—甲胺磷；2—敌敌畏；3—异丙威；
4—氧乐果；5—乐果；6—林丹；7—甲基对硫磷；
8—马拉硫磷；9—倍硫磷；10—双硫磷；
11—三唑醇；12—硫丹；
13—DDT；14—苯醚甲环唑

色谱柱：DM-5MS（30m × 0.25mm × 0.25μm）；升温程序：初始温度 40℃，保持 0.5min，以 30℃/min 升温至 130℃，再以 5℃/min 升温至 250℃，再以 10℃/min 升温至 300℃，保持 5min；载气：氦气；流速：1.2mL/min；进样口温度：290℃；进样量：1μL；进样方式：不分流进样；电离模式：电子轰击电离源（EI）；离子源温度：230℃；接口温度：280℃；溶剂延迟：5min；数据采集模式：选择离子监测模式（SIM）。

参考文献

[1] GB 19336—2003 阿维菌素原药.

[2] GB 2763—2016 食品中农药最大残留限量.

[3] GB 9951—1999 百菌清原药.

[4] 朱永和等. 农药大典. 北京：中国三峡出版社，2006.

[5] 刘长令. 世界农药大全（杀菌剂卷）. 北京：化学工业出版社，2006.

[6] 刘长令. 世界农药大全（除草剂卷）. 北京：化学工业出版社，2006.

[7] GB/T 5009.19—2008 食品中有机氯农药多组分残留量的测定.

[8] GB/T 20769—2008 水果和蔬菜中 450 种农药及相关化学品残留量的测定 液相色谱-串联质谱法.

[9] GB/T 20770—2008 粮谷中 486 种农药和相关化学品残留量的测定 液相色谱-串联质谱法.

[10] GB 23200.34—2016 食品安全国家标准 食品中涕灭砜威、吡唑醚菌酯、嘧菌酯等 65 种农药残留量的测定 液相色谱-质谱/质谱法.

[11] NY/T 761—2008 蔬菜和水果中有机磷、有机氯、拟除虫菊酯和氨基甲酸酯类农药多残留的测定.

[12] 高希武. 新编实用农药手册. 北京：中原农民出版社，2002.

[13] GB/T 5009.20—2003 食品中有机磷农药残留量的测定.

[14] GB 23200.8—2016 食品安全国家标准 水果和蔬菜中 500 种农药及相关化学品残留量的测定 气相色谱-质谱法.

[15] GB 23200.13—2016 食品安全国家标准 茶叶中 448 种农药及相关化学品残留量的测定 液相色谱-质谱法.

[16] GB 23200.9—2016 食品安全国家标准 粮谷中 475 种农药及相关化学品残留量的测定 气相色谱-质谱法.

[17] NY/T 1725—2009 蔬菜中灭蝇胺残留量的测定 高效液相色谱法.

[18] SN/T 0134—2010 进出口食品中杀线威等 12 种氨基甲酸酯类农药残留量的检测方法 液相色谱-质谱/质谱法.

[19] NY/T 1453—2007 蔬菜和水果中多菌灵等 16 种农药残留测定 液相色谱-质谱-质谱联用法.

[20] 王箴. 化工辞典. 北京：化学工业出版社，2000.

[21] NY/T 1379—2007 蔬菜中 334 种农药多残留的测定 气相色谱质谱法和液相色谱质谱法.

兽药残留

1. 阿莫西林

英文名：amoxicillin

CAS 号：26787-78-0。

结构式、分子式、分子量：

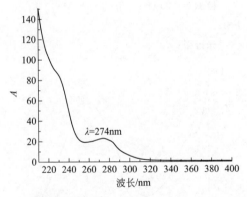

分子式：$C_{16}H_{19}N_3O_5S$

分子量：365.40

溶解性：微溶于水，不溶于乙醇[1]。

主要用途：青霉素类药物[1]。

检验方法：GB/T 20755，GB/T 22952，GB/T 22975。

检测器：DAD，MS（ESI 源）。

光谱图：

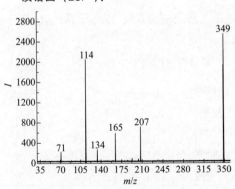

质谱图（ESI+）：

m/z 366＞349（定量离子对），m/z 366＞114。

2. 3-氨基-2-噁唑酮（AOZ）

英文名：3-amino-2-oxazolidinone（AOZ）

CAS 号：80-65-9（3-氨基-2-噁唑酮，AOZ），

19687-73-1（3-氨基-2-噁唑酮衍生物，2-NP-AOZ）。

结构式、分子式、分子量：

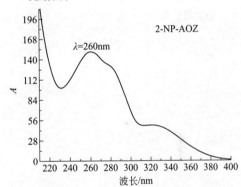

分子式：$C_{13}H_{15}N_5O_6$　分子式：$C_{10}H_9N_3O_4$

分子量：102.09　分子量：235.20

溶解性：可溶于甲醇和乙腈[2~4]。

主要用途：呋喃唑酮的代谢物[2~4]。

检验方法：GB/T 18932.24，GB/T 20752，GB/T 21311。

检测器：DAD（衍生），MS（衍生，ESI）。

光谱图：

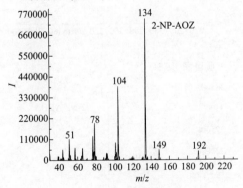

m/z 236＞134（定量离子对），m/z 236＞104。

3. 1-氨基-2-内酰脲（AHD）

英文名：1-aminohydantoin hydrochloride（AHD）

CAS 号：2827-56-7（1-氨基-2-内酰脲，ADH），623145-57-3（1-氨基-2-内酰衍生物，2-NP-ADH）。

结构式、分子式、分子量：

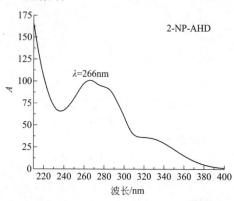

分子式：$C_3H_6ClN_3O_2$ 分子式：$C_{10}H_8N_4O_4$
分子量：151.55 分子量：248.19

溶解性：可溶于甲醇和乙腈[2~4]。

主要用途：呋喃妥因的代谢物[2~4]。

检验方法：GB/T 18932.24，GB/T 20752，GB/T 21311。

检测器：DAD（衍生），MS（衍生，ESI）。

光谱图：

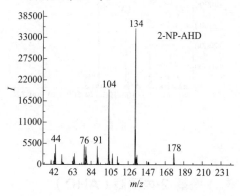

质谱图（ESI+）：

m/z 249＞134（定量离子对），m/z 249＞104。

4. 氨基脲（SEM）

英文名：semicarbazide（SEM）

CAS 号：57-56-7（氨基脲，SEM），16004-43-6（氨基脲衍生物，2-NP-SEM）。

结构式、分子式、分子量：

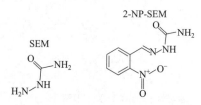

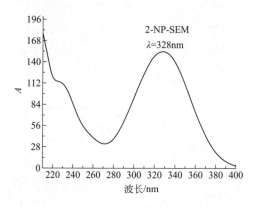

分子式：CH_5N_3O 分子式：$C_8H_8N_4O_3$
分子量：75.07 分子量：208.17

溶解性：可溶于甲醇和乙腈[2~4]。

主要用途：呋喃西林的代谢物[2~4]。

检验方法：GB/T 20752，GB/T 21311。

检测器：DAD（衍生），MS（衍生，ESI）。

光谱图：

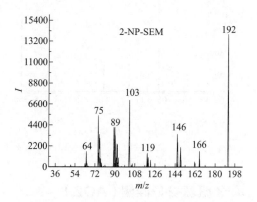

质谱图（ESI+）：

m/z 209＞192（定量离子对），m/z 209＞103。

5. 奥比沙星

英文名：orbifloxacin

CAS 号：113617-63-3。

结构式、分子式、分子量：

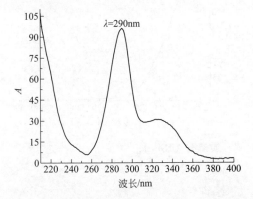

分子式：C$_{19}$H$_{20}$F$_3$N$_3$O$_3$
分子量：395.38

溶解性：微溶于水，在酸性和碱性介质中溶解度增大[1]。

主要用途：喹诺酮类药物[1]。

检验方法：GB/T 22985，GB/T 23412，农业部 1077 号公告-1-2008。

检测器：DAD，MS（ESI 源）。

光谱图：

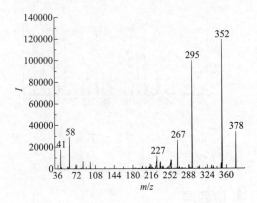

质谱图（ESI$^+$）：

m/z 396＞352（定量离子对），*m/z* 396＞295。

6. 达氟沙星

英文名：danofloxacin

CAS 号：112398-08-0。

结构式、分子式、分子量：

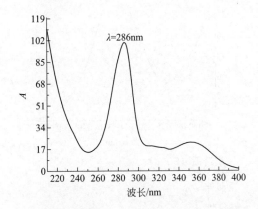

分子式：C$_{19}$H$_{20}$FN$_3$O$_3$
分子量：357.38

溶解性：可溶于甲醇、乙腈和碱性水溶液[5~7]。

主要用途：喹诺酮类药物[5~7]。

检验方法：GB 29692，GB/T 20366。

检测器：DAD，FLD，MS（ESI 源）。

光谱图：

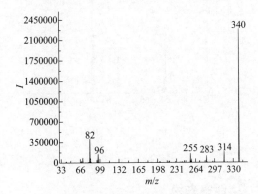

质谱图（ESI$^+$）：

m/z 358＞340（定量离子对），*m/z* 358＞314。

7. 地美硝唑

英文名：dimetridazole

CAS 号：551-92-8。

结构式、分子式、分子量：

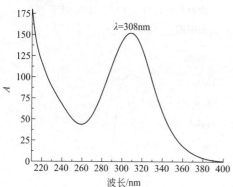

分子式：$C_5H_7N_3O_2$
分子量：141.13

溶解性：易溶于三氯甲烷，微溶于水和乙醇[1]。

主要用途：硝基咪唑类药物[1]。

检验方法：GB/T 21318，GB/T 23410，农业部 1025 号公告-2-2008。

检测器：DAD，MS（ESI 源）。

光谱图：

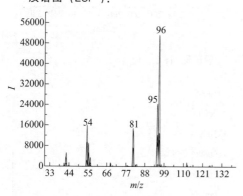

质谱图（ESI+）：

m/z 142＞96（定量离子对），m/z 142＞81。

8. 地塞米松

英文名：dexamethasone

CAS 号：50-02-2。

结构式、分子式、分子量：

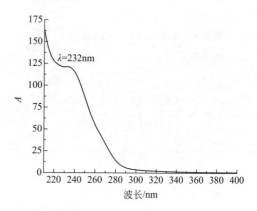

分子式：$C_{22}H_{29}FO_5$
分子量：392.46

溶解性：不溶于水，溶于无水乙醇[1]。

主要用途：糖皮质药物[1]。

检验方法：GB/T 20741，GB/T 22978，GB/T 24800.2。

检测器：DAD，MS（ESI 源，APCI 源，EI 源）。

光谱图：

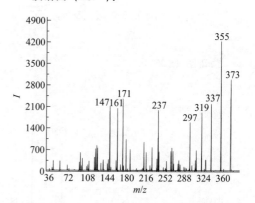

质谱图（ESI+）：

m/z 393＞355（定量离子对），m/z 393＞373。

9. 地西泮

英文名：diazepam

CAS 号：439-14-5。

结构式、分子式、分子量：

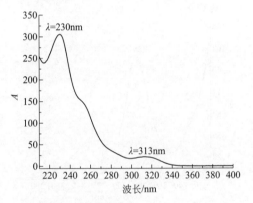

分子式：$C_{16}H_{13}ClN_2O$

分子量：284.74

溶解性：易溶于丙酮和三氯甲烷，可溶于乙醇，几乎不溶于水[8]。

主要用途：镇静药与抗惊厥药[8]。

检验方法：GB 23200.8，GB/T 20770，SN/T 2234，NY/T 761。

检测器：DAD，MS（ESI 源）。

光谱图：

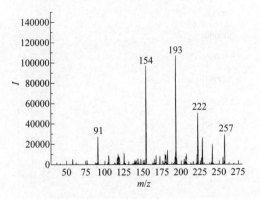

质谱图（ESI+）：

m/z 285＞193（定量离子对），m/z 285＞154。

10. 多西环素（强力霉素）

英文名：doxycycline

CAS 号：564-25-0。

结构式、分子式、分子量：

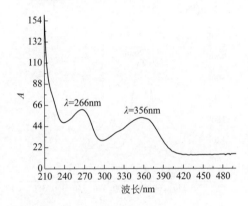

分子式：$C_{22}H_{24}N_2O_8$

分子量：444.43

溶解性：易溶于水和甲醇，微溶于乙醇和丙酮，不溶于三氯甲烷[1]。

主要用途：四环素类药物[1]。

检验方法：GB/T 5009.116，GB/T 20764，GB/T 21317，GB/T 22990。

检测器：DAD，MS（ESI 源）。

光谱图：

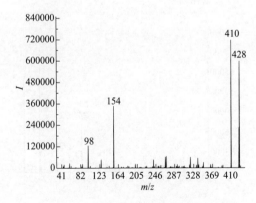

质谱图（ESI+）：

m/z 445＞410（定量离子对），m/z 445＞428。

11. 恩诺沙星

英文名：enrofloxacin

CAS 号：93106-60-6。

结构式、分子式、分子量：

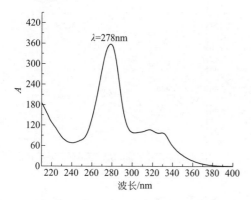

分子式：C$_{19}$H$_{22}$FN$_3$O$_3$
分子量：359.39

溶解性：易溶于三氯甲烷，略溶于二甲基酰胺，微溶于甲醇，极微溶于水，易溶于氢氧化钠溶液[1]。

主要用途：喹诺酮类药物[1]。

检验方法：GB 29692，GB/T 20366，GB/T 21312。

检测器：DAD，MS（ESI 源）。

光谱图：

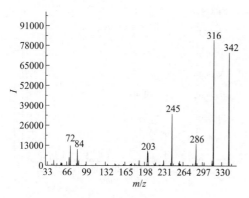

质谱图（ESI⁺）：

m/z 360＞316（定量离子对），m/z 360＞342。

12. 二氟沙星盐酸盐

英文名：difloxacin hydrochloride

CAS 号：91296-86-5。

结构式、分子式、分子量：

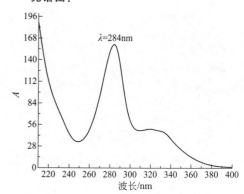

分子式：C$_{21}$H$_{20}$ClF$_2$N$_3$O$_3$
分子量：435.85

溶解性：略溶于二甲基酰胺，极微溶于乙醇和水，易溶于乙酸、盐酸和氢氧化钠溶液[1]。

主要用途：喹诺酮类药物[1]。

检验方法：GB 29692，GB/T 20366，农业部 1077 号公告-1-2008。

检测器：DAD，FLD，MS（ESI 源）。

光谱图：

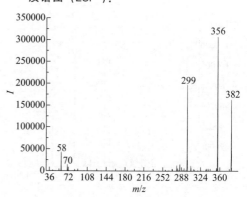

质谱图（ESI⁺）：

m/z 400＞356（定量离子对），m/z 400＞299。

13. 氟苯尼考

英文名：florfenicol

CAS 号：73231-34-2。

结构式、分子式、分子量：

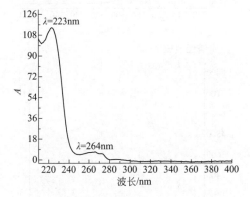

分子式：$C_{12}H_{14}Cl_2FNO_4S$

分子量：358.21

溶解性：极易溶于二甲基甲酰胺，溶于甲醇，略溶于冰乙酸，极微溶于水和三氯甲烷[1]。

主要用途：酰胺醇类药物[1]。

检验方法：GB/T 20756，GB/T 22338。

检测器：DAD，MS（ESI 源）。

光谱图：

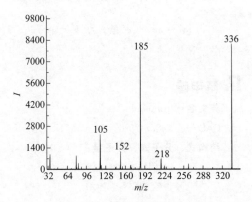

m/z 356＞336（定量离子对），m/z 356 ＞185。

14. 氟虫腈砜

英文名：fipronil-sulfone

CAS 号：120068-36-2。

结构式、分子式、分子量：

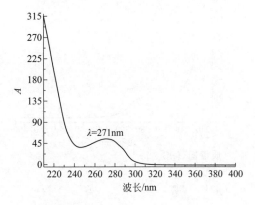

分子式：$C_{12}H_4Cl_2F_6N_4O_2S$

分子量：453.15

溶解性：可溶于乙腈[9]。

主要用途：氟虫腈代谢物[9]。

检验方法：GB 23200.115，SN/T 5094，SN/T 5095。

检测器：DAD，ECD，MS（ESI 源，EI源，NCI 源）。

光谱图：

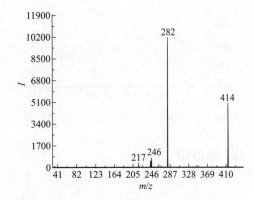

m/z 451＞282（定量离子对），m/z 451 ＞414。

15. 氟虫腈亚砜

英文名：fipronil-sulfide

CAS 号：120067-83-6。

结构式、分子式、分子量：

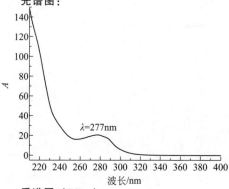

分子式：$C_{12}H_4Cl_2F_6N_4S$
分子量：421.15

溶解性：可溶于乙腈[9]。

主要用途：氟虫腈代谢物[9]。

检验方法：GB 23200.115，SN/T 5094，SN/T 5095。

检测器：DAD，ECD，MS（ESI 源，EI 源，NCI 源）。

光谱图：

$\lambda=277nm$

质谱图（ESI$^-$）：

m/z 419＞262（定量离子对），m/z 419＞383。

16. 氟甲腈

英文名：fipronil-desulfinyl

CAS 号：205650-65-3。

结构式、分子式、分子量：

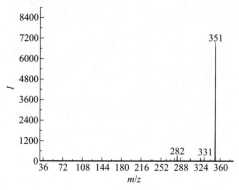

分子式：$C_{12}H_4Cl_2F_6N_4$
分子量：389.08

溶解性：可溶于乙腈[9]。

主要用途：氟虫腈代谢物[9]。

检验方法：GB 23200.115，SN/T 5094，SN/T 5095。

检测器：DAD，ECD，MS（ESI 源，EI 源，NCI 源）。

光谱图：

$\lambda=275nm$

质谱图（ESI$^-$）：

m/z 387＞351（定量离子对），m/z 387＞282。

17. 氟甲喹

英文名：flumequine

CAS 号：42835-25-6。

结构式、分子式、分子量：

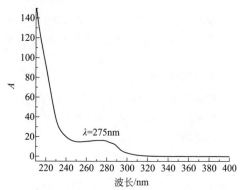

分子式：$C_{14}H_{12}FNO_3$
分子量：261.25

溶解性：可溶于甲醇和乙腈[7,10]。

主要用途：喹诺酮类药物[7,10]。

检验方法：GB 29692，GB/T 21312，SN/T 1921。

检测器：DAD，FLD，MS（ESI 源）。

光谱图：

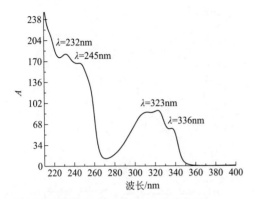

质谱图（ESI⁺）：

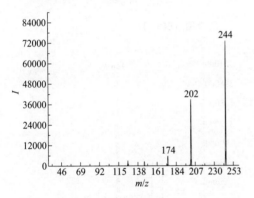

m/z 262＞244（定量离子对），m/z 262＞202。

18. 氟罗沙星

英文名：fleroxacin

CAS 号：79660-72-3。

结构式、分子式、分子量：

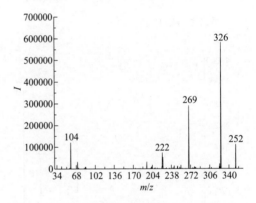

分子式：$C_{17}H_{18}F_3N_3O_3$
分子量：369.34

溶解性：微溶于二氯甲烷，极微溶于甲醇，极微溶于或不溶于水，几乎不溶于乙酸乙酯，易溶于冰乙酸，略溶于氢氧化钠溶液[11]。

主要用途：喹诺酮类药物[1]。

检验方法：GB/T 23412，农业部 1077 号公告-1-2008。

检测器：DAD，MS（ESI 源）。

光谱图：

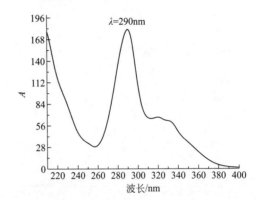

质谱图（ESI⁺）：

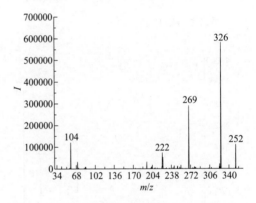

m/z 370＞326（定量离子对），m/z 370＞269。

19. 环丙沙星

英文名：ciprofloxacin

CAS 号：85721-33-1。

结构式、分子式、分子量：

分子式：$C_{17}H_{18}FN_3O_3$
分子量：331.34

溶解性：微溶于甲醇，极微溶于乙醇，几乎不溶于三氯甲烷，可溶于水，易溶于氢氧化钠溶液[1]。

主要用途：喹诺酮类药物[1]。

检验方法：GB 29692，GB/T 20366，GB/T 21312。

检测器：DAD，FLD，MS（ESI 源）。

光谱图：

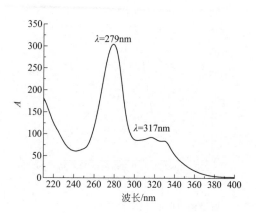

质谱图（ESI⁺）：

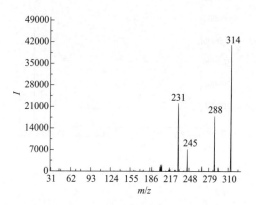

m/z 332＞314（定量离子对），m/z 332 ＞231。

20. 磺胺苯吡唑

英文名：sulfaphenazole

CAS 号：526-08-9。

结构式、分子式、分子量：

分子式：$C_{15}H_{14}N_4O_2S$
分子量：314.36

溶解性：可溶于甲醇，几乎不溶于水[1,12,14]。

主要用途：磺胺类药物[12,14]。

检验方法：GB 29694，GB/T 21316，农业部 1077 号公告-23-2008。

检测器：DAD，MS（ESI 源）。

光谱图：

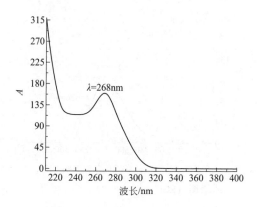

质谱图（ESI⁺）：

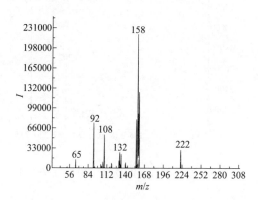

m/z 315＞158（定量离子对），m/z 315 ＞92。

21. 磺胺苯酰

英文名：sulfabenzamide

CAS 号：127-71-9。

结构式、分子式、分子量：

分子式：$C_{13}H_{12}N_2O_3S$
分子量：276.31

溶解性：可溶于甲醇，几乎不溶于水[1,12,14]。
主要用途：磺胺类药物[12,14]。

检验方法：GB 29694，GB/T 21316，农业部 1077 号公告-23-2008。

检测器：DAD，MS（ESI 源）。

光谱图：

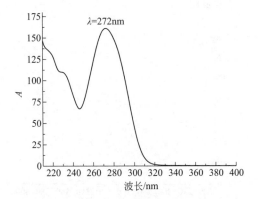

质谱图（ESI⁺）：

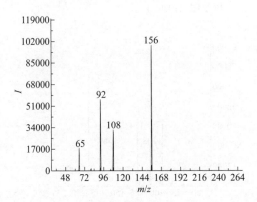

m/z 277＞156（定量离子对），m/z 277＞92。

22. 磺胺醋酰钠

英文名：sulfacetamide sodium

CAS 号：127-56-0。

结构式、分子式、分子量：

H_2N —〈苯环〉— SO_2 — N(Na) — C(=O) — CH₃ — OH

分子式：$C_8H_9N_2NaO_3S$

分子量：236.22

溶解性：易溶于水，略溶于乙醇[11]。

主要用途：磺胺类药物[1]。

检验方法：GB 29694，GB/T 21316，GB/T 20759，农业部 1077 号公告-1-2008。

检测器：DAD，MS（ESI 源）。

光谱图：

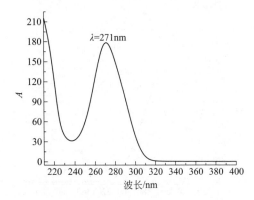

质谱图（ESI⁺）：

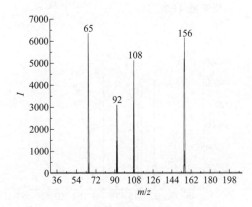

m/z 215＞156（定量离子对），m/z 215＞65。

23. 磺胺噁唑（磺胺二甲唑）

英文名：sulfamoxole

CAS 号：729-99-7。

结构式、分子式、分子量：

H_2N —〈苯环〉— SO_2 — NH — 〈噁唑环〉— CH₃，H₃C

分子式：$C_{11}H_{13}N_3O_3S$

分子量：267.30

溶解性：可溶于甲醇，几乎不溶于水[1,12,14]。

主要用途：磺胺类药物[1]。

检验方法：GB 29694，GB/T 21316，农

业部 1077 号公告-23-2008。

检测器：DAD，MS（ESI 源）。

光谱图：

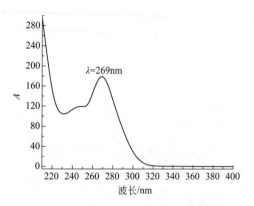

质谱图（ESI+）：

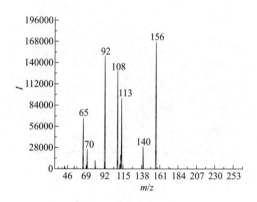

m/z 268＞156（定量离子对），m/z 268＞92。

24. 磺胺二甲嘧啶

英文名：sulfamethazine

CAS 号：57-68-1。

结构式、分子式、分子量：

分子式：$C_{12}H_{14}N_4O_2S$

分子量：278.33

溶解性：溶于热乙醇，几乎不溶于水和乙醚，易溶于稀酸和稀碱溶液[1]。

主要用途：磺胺类药物[1]。

检验方法：GB 29694，GB/T 20759，GB/T 21316。

检测器：DAD，MS（ESI 源）。

光谱图：

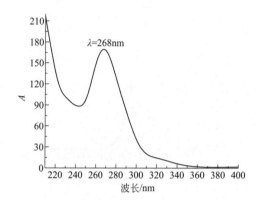

质谱图（ESI+）：

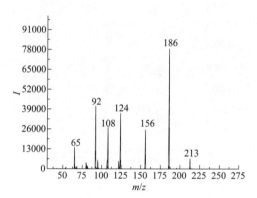

m/z 279＞186（定量离子对），m/z 279＞92。

25. 磺胺甲噁唑

英文名：sulfamethoxazole

CAS 号：723-46-6。

结构式、分子式、分子量：

分子式：$C_{10}H_{11}N_3O_3S$

分子量：253.28

溶解性：几乎不溶于水，易溶于稀盐酸、氢氧化钠和氨水溶液[1]。

主要用途：磺胺类药物[1]。

检验方法：GB 29694，GB/T 20759，GB/T 21316。

检测器：DAD，MS（ESI 源）。

光谱图：

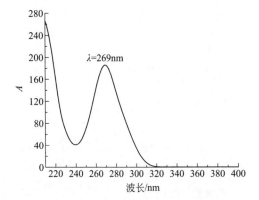

质谱图（ESI⁺）：

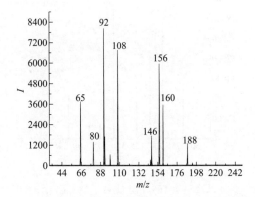

m/z 254＞92（定量离子对），m/z 254＞108。

26. 磺胺甲嘧啶

英文名：sulfamerazine

CAS 号：127-79-7。

结构式、分子式、分子量：

分子式：$C_{11}H_{12}N_4O_2S$

分子量：264.30

溶解性：可溶于甲醇和乙腈[12~14]。

主要用途：磺胺类药物[12~14]。

检验方法：GB 29694，GB/T 20759，GB/T 21316。

检测器：DAD，MS（ESI 源）。

光谱图：

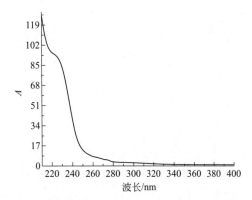

质谱图（ESI⁺）：

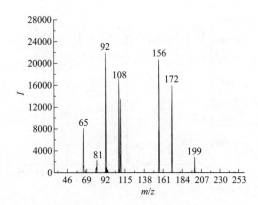

m/z 265＞92（定量离子对），m/z 265＞156。

27. 磺胺间二甲氧嘧啶（磺胺地索辛）

英文名：sulfadimethoxypyrimidine

CAS 号：155-91-9。

结构式、分子式、分子量：

分子式：$C_{12}H_{14}N_4O_4S$

分子量：310.33

溶解性：可溶于甲醇和乙腈[13,14]。

主要用途：磺胺类药物[13,14]。

检验方法：GB/T 20759，GB/T 21316。

检测器：DAD，MS（ESI 源）。

光谱图：

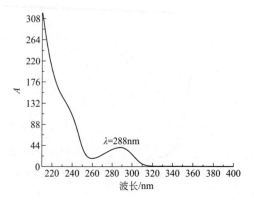

质谱图（ESI+）：

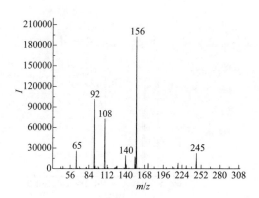

m/z 311＞156（定量离子对），m/z 311＞92。

28. 磺胺间甲氧嘧啶

英文名：sulfamonomethoxine

CAS 号：1220-83-3。

结构式、分子式、分子量：

分子式：$C_{11}H_{12}N_4O_3S$

分子量：280.30

溶解性：略溶于丙酮，微溶于乙醇，不溶于水，易溶于稀盐酸和氢氧化钠溶液[1]。

主要用途：磺胺类药物[1]。

检验方法：GB 29694，GB/T 21316。

检测器：DAD，MS（ESI 源）。

光谱图：

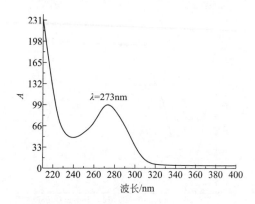

质谱图（ESI+）：

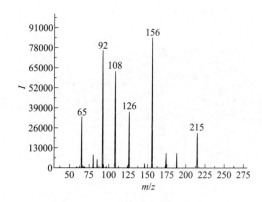

m/z 281＞156（定量离子对），m/z 281＞92。

29. 磺胺喹噁啉（磺胺喹沙啉）

英文名：sulfaquinoxaline

CAS 号：59-40-5。

结构式、分子式、分子量：

分子式：$C_{14}H_{12}N_4O_2S$

分子量：300.34

溶解性：极微溶于乙醇，几乎不溶于水和乙醚，易溶于氢氧化钠溶液[1]。

主要用途：磺胺类药物[1]。

检验方法：GB/T 21316，农业部 1077 号

公告-1-2008。

检测器：DAD，MS（ESI 源）。

光谱图：

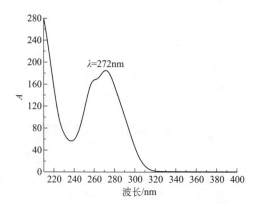

质谱图（ESI⁺）：

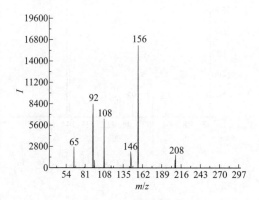

m/z 301＞165（定量离子对），m/z 301＞92。

30. 磺胺嘧啶

英文名：sulfadiazine

CAS 号：68-35-9。

结构式、分子式、分子量：

分子式：$C_{10}H_{10}N_4O_2S$
分子量：250.28

溶解性：微溶于乙醇和丙酮，几乎不溶于水，易溶于氢氧化钠溶液和氨水溶液，在稀盐酸中溶解[1]。

主要用途：磺胺类药物[1]。

检验方法：GB/T 21316，GB/T 20759，农业部 1077 号公告-1-2008。

检测器：DAD，MS（ESI 源）。

光谱图：

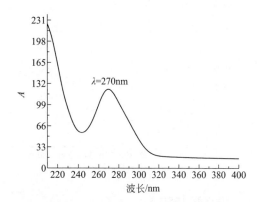

质谱图（ESI⁺）：

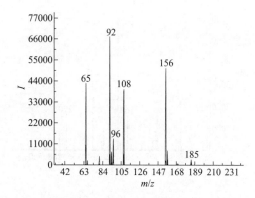

m/z 251＞92（定量离子对），m/z 251＞156。

31. 甲砜霉素

英文名：thiamphenicol

CAS 号：15318-45-3。

结构式、分子式、分子量：

分子式：$C_{12}H_{15}Cl_2NO_5S$
分子量：356.22

溶解性：易溶于二甲基甲酰胺，略溶于无水乙醇，微溶于水[1]。

主要用途：酰胺醇类药物[1]。

检验方法：GB/T 20756，GB/T 22338。

检测器：DAD，MS（ESI 源）。

光谱图：

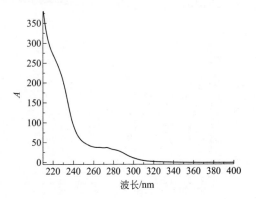

质谱图（ESI⁻）：

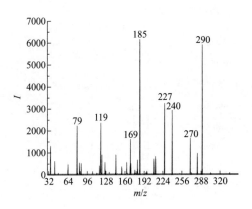

m/z 354＞185（定量离子对），m/z 354 ＞290。

32. 3-甲基-喹啉-2-甲酸

英文名：3-methyl-quinoxaline-2-carboxylic acid

CAS 号：74003-63-7。

结构式、分子式、分子量：

分子式：$C_{10}H_8N_2O_2$
分子量：188.18

溶解性：可溶于甲醇[15]。

主要用途：喹乙醇代谢物[15]。

检验方法：GB/T 20746，GB/T 22984。

检测器：DAD，MS（ESI 源）。

光谱图：

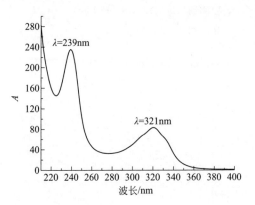

质谱图（ESI⁺）：

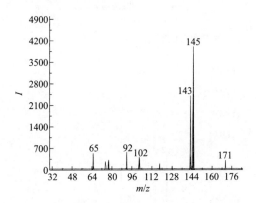

m/z 189＞145（定量离子对），m/z 189 ＞143。

多反应监测图：

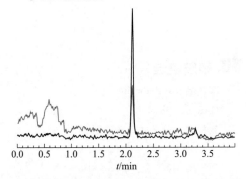

色谱柱：Shim-pack GISTC18（50mm × 2.1mm，2μm）；柱温：40℃；进样量：5μL；流速：0.4mL/min；流动相：A—0.1％甲酸溶液，B—乙腈；梯度洗脱：

时间/min	0	2.5	2.51	3	3.01	4
A/％	95	60	5	5	95	95
B/％	5	40	95	95	5	5

电离模式：ESI，正离子扫描；扫描模式：多反应监测（MRM）；化合物 MRM 参数略。

33. 甲硝唑

英文名：metronidazole

CAS 号：443-48-1。

结构式、分子式、分子量：

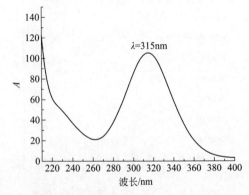

分子式：$C_6H_9N_3O_3$
分子量：171.15

溶解性：略溶于乙醇，微溶于水和三氯甲烷，极微溶于乙醚[1]。

主要用途：硝基咪唑类药物[1]。

检验方法：GB/T 20744，GB/T 22982，NY/T 1158，农业部 1025 号公告-2-2008。

检测器：DAD，MS（ESI 源）。

光谱图：

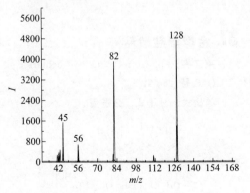

质谱图（ESI$^+$）：

m/z 172＞128（定量离子对），m/z 172 ＞82。

34. 甲氧苄啶

英文名：trimethoprim

CAS 号：738-70-5。

结构式、分子式、分子量：

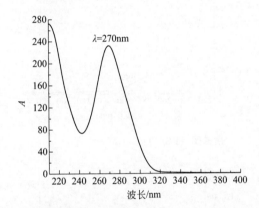

分子式：$C_{14}H_{18}N_4O_3$
分子量：290.32

溶解性：略溶于三氯甲烷，微溶于乙醇和丙酮，几乎不溶于水，易溶于冰乙酸[1]。

主要用途：磺胺类药物[1]。

检验方法：GB/T 21316，农业部 1077 号公告-1-2008。

检测器：DAD，MS（ESI 源）。

光谱图：

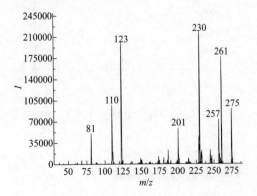

质谱图（ESI$^+$）：

m/z 291＞230（定量离子对），m/z 291 ＞123。

35. 金刚烷胺盐酸盐

英文名：amantadine hydrochloride

CAS 号：665-66-7。

结构式、分子式、分子量：

分子式：$C_{10}H_{18}ClN$
分子量：187.71

溶解性：易溶于水和乙醇[1]。

主要用途：金刚烷胺类药物[1]。

检验方法：DB37/T 2833，DB32/T 1163。

检测器：DAD，FID，MS（ESI 源）。

光谱图：

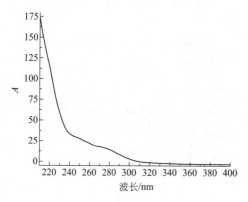

质谱图（ESI+）：

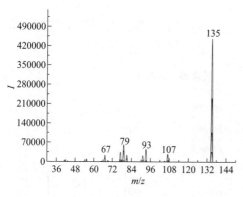

m/z 152＞135（定量离子对），m/z 152＞79。

36. 金刚乙胺盐酸盐

英文名：rimantadine hydrochloride

CAS 号：1501-84-4。

结构式、分子式、分子量：

分子式：$C_{12}H_{22}ClN$
分子量：215.76

溶解性：易溶于水和乙醇。

主要用途：金刚烷胺类药物。

检验方法：暂无色谱和质谱的食品检测标准方法。

检测器：DAD，FID，MS（ESI 源）。

光谱图：

质谱图（ESI+）：

m/z 180＞163（定量离子对），m/z 180＞81。

37. 金霉素盐酸盐

英文名：chlortetracycline hydrochloride

CAS 号：64-72-2。

结构式、分子式、分子量：

分子式：$C_{22}H_{24}Cl_2N_2O_8$
分子量：515.34

溶解性：微溶于水和乙醇，几乎不溶于丙酮、三氯甲烷和乙醚[8]。

主要用途：四环素类药物[8]。

检验方法：GB/T 21317，GB/T 20764，GB/T 23409，GB/T 22990。

检测器：DAD，MS（ESI 源）。

光谱图：

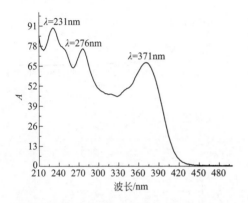

质谱图（ESI⁺）：

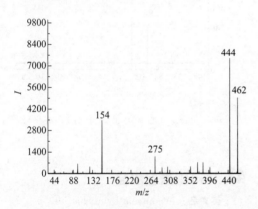

m/z 479＞444（定量离子对），m/z 479＞462。

38. 克伦特罗盐酸盐

英文名：clenbuterol hydrochloride

CAS 号：244-643-7。

结构式、分子式、分子量：

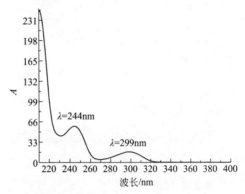

分子式：$C_{12}H_{19}Cl_3N_2O$
分子量：313.65

溶解性：可溶于甲醇[16]。

主要用途：β-受体激动剂[16,17]。

检验方法：GB/T 21313，GB/T 22286，SN/T 1924。

检测器：DAD，MS（ESI 源）。

光谱图：

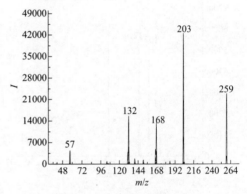

质谱图（ESI⁺）：

m/z 277＞203（定量离子对），m/z 277＞259。

39. 莱克多巴胺盐酸盐

英文名：ractopamine hydrochloride

CAS 号：7415-170-5。

结构式、分子式、分子量：

分子式：$C_{18}H_{24}ClNO_3$
分子量：337.84

溶解性：可溶于甲醇[16]。

主要用途：β-受体激动剂[16,17]。

检验方法：GB/T 21313，GB/T 22286，SN/T 1924。

检测器：DAD，MS（ESI 源）。

光谱图：

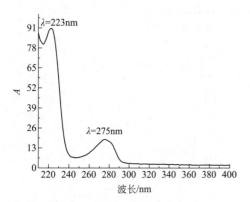

质谱图（ESI⁺）：

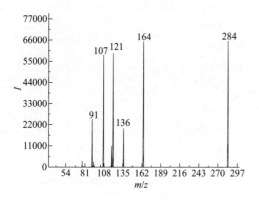

m/z 302＞164（定量离子对），*m/z* 302＞284。

40. 利巴韦林（三氮唑核苷）

英文名：ribavirin

CAS 号：36791-04-5。

结构式、分子式、分子量：

分子式：$C_8H_{12}N_4O_5$
分子量：244.20

溶解性：易溶于水[1]。

主要用途：鸟苷类药物[1]。

检验方法：SN/T 4519，DB32/T 1165。

检测器：DAD，MS（ESI 源）。

光谱图：

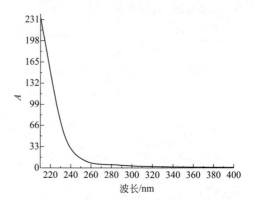

质谱图（ESI⁺）：

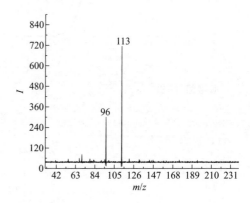

m/z 245＞113（定量离子对），*m/z* 245＞96。

41. 林可霉素盐酸盐

英文名：lincomycin hydrochloride

CAS 号：859-18-7。

结构式、分子式、分子量：

分子式：$C_{18}H_{35}ClN_2O_6S$
分子量：443.00

溶解性：易溶于水和甲醇，略溶于乙醇[1]。

主要用途：林可胺类药物[1]。

检验方法：GB 29685，GB/T 22941，GB/T 22946。

检测器：DAD，MS（ESI 源）。

光谱图：

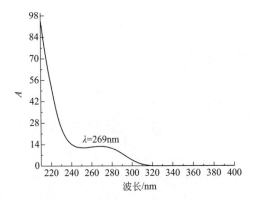

质谱图（ESI⁺）：

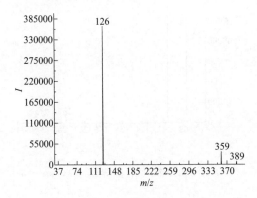

m/z 407＞126（定量离子对），m/z 407＞359。

42. 洛美沙星

英文名：lomefloxacin

CAS 号：98079-51-7。

结构式、分子式、分子量：

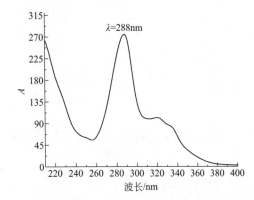

分子式：$C_{17}H_{19}F_2N_3O_3$
分子量：351.35

溶解性：可溶于甲醇和乙腈[6,7]。

主要用途：喹诺酮类药物[6,7]。

检验方法：GB 29692，GB/T 20366，GB/T 21312。

检测器：DAD，FLD，MS（ESI 源）。

光谱图：

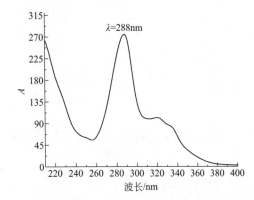

质谱图（ESI⁺）：

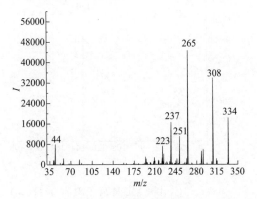

m/z 352＞265（定量离子对），m/z 352＞308。

43. 洛硝哒唑

英文名：ronidazole

CAS 号：7681-76-7。

结构式、分子式、分子量：

分子式：$C_6H_8N_4O_4$
分子量：200.15

溶解性：可溶于甲醇[18]。

主要用途：硝基咪唑类药物[18]。

检验方法：GB/T 18932.26，GB/T 20744，GB/T 22982。

检测器：DAD，MS（ESI 源）。

光谱图：

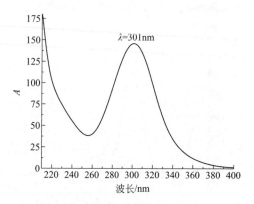

质谱图（ESI+）：

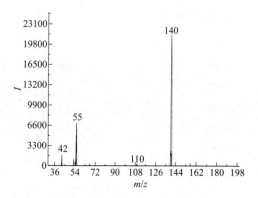

m/z 201＞140（定量离子对），m/z 201＞55。

44. 氯丙嗪盐酸盐

英文名：chlorpromazine hydrochloride

CAS 号：69-09-0。

结构式、分子式、分子量：

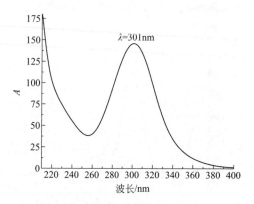

分子式：$C_{17}H_{20}Cl_2N_2S$

分子量：355.33

溶解性：易溶于水和乙醇[1]。

主要用途：噻嗪类药物[1]。

检验方法：GB/T 20763，农业部 1163 号公告-8-2009。

检测器：DAD，NPD，MS（ESI 源，EI

源）。

光谱图：

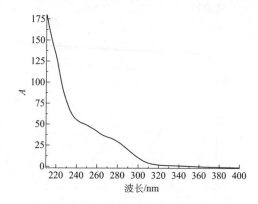

质谱图（ESI+）：

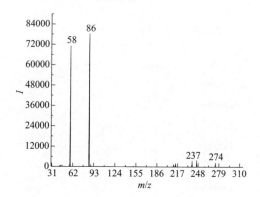

m/z 319＞86（定量离子对），m/z 319＞58。

45. 氯霉素

英文名：chloramphenicol

CAS 号：56-75-7。

结构式、分子式、分子量：

分子式：$C_{11}H_{12}Cl_2N_2O_5$

分子量：323.13

溶解性：易溶于甲醇、乙醇、丙酮和丙二醇，微溶于水[1]。

主要用途：酰胺醇类药物[1]。

检验方法：GB 29688，GB/T 18932.19，GB/T 20756，GB/T 22338。

检测器：DAD，MS（ESI 源）。

光谱图：

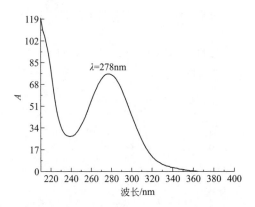

质谱图（ESI⁻）：

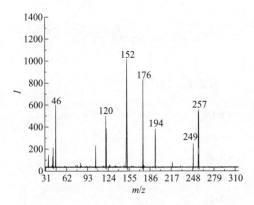

m/z 321＞152（定量离子对），m/z 321＞176。

46. 5-吗啉甲基-3-氨基-2-噁唑烷基酮

英文名：5-morpholinomethyl-3-amino-2-oxalidinone

CAS 号：43056-63-9（5-吗啉甲基-3-氨基-2-噁唑烷基酮，AMOZ），183193-59-1（5-吗啉甲基-3-氨基-2-噁唑烷基酮衍生物，2-NP-AMOZ）。

结构式、分子式、分子量：

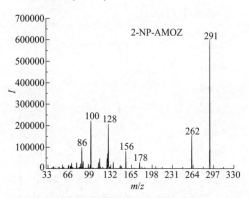

分子式：$C_{23}H_{32}N_6O_8$　分子式：$C_{15}H_{18}N_4O_5$
分子量：186.21　　　　分子量：334.33

溶解性：可溶于甲醇和乙腈[2~4]。

主要用途：呋喃它酮（furaltadone）的代

谢物[2~4]。

检验方法：GB/T 18932.24，GB/T 20752，GB/T 21311。

检测器：DAD（衍生），MS（衍生，ESI）。

光谱图：

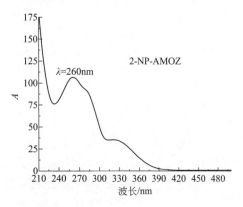

质谱图（ESI⁺）：

2-NP-AMOZ

m/z 335＞291（定量离子对），m/z 335＞100。

47. 诺氟沙星

英文名：norfloxacin

CAS 号：70458-96-7。

结构式、分子式、分子量：

分子式：$C_{16}H_{18}FN_3O_3$
分子量：319.33

溶解性：略溶于二甲基酰胺，极微溶于水和乙醇，易溶于乙酸、盐酸和氢氧化钠

溶液[1]。

主要用途：喹诺酮类药物[1]。

检验方法：GB 29692，GB/T 20366，GB/T 21312。

检测器：DAD，FLD，MS（ESI 源）。

光谱图：

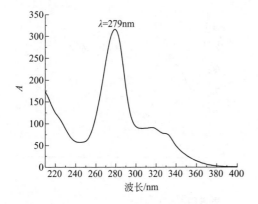

质谱图（ESI+）：

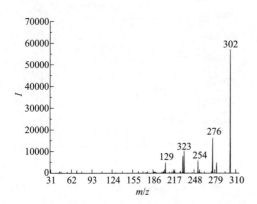

m/z 320＞302（定量离子对），m/z 320＞276。

48. 培氟沙星

英文名：pefloxacin

CAS 号：70458-92-3。

结构式、分子式、分子量：

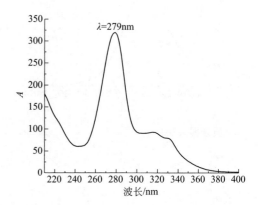

分子式：$C_{17}H_{20}FN_3O_3$
分子量：333.36

溶解性：可溶于甲醇和乙腈[6,7]。

主要用途：喹诺酮类药物[6,7]。

检验方法：GB 29692，GB/T 20366，GB/T 21312。

检测器：DAD，FLD，MS（ESI 源）。

光谱图：

质谱图（ESI+）：

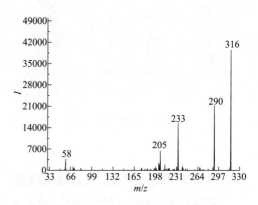

m/z 334＞316（定量离子对），m/z 334＞290。

49. 羟基甲硝唑

英文名：hydroxy metronidazole

CAS 号：4812-40-2。

结构式、分子式、分子量：

分子式：$C_6H_9N_3O_4$
分子量：187.15

溶解性：可溶于甲醇[18]。

主要用途：甲硝唑代谢物[18]。

检验方法：GB/T 22982，农业部 1025 号公告-2-2008。

检测器：DAD，MS（ESI 源）。

光谱图：

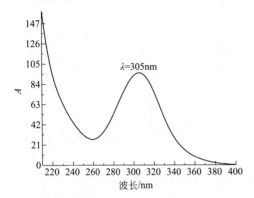

$\lambda=305nm$

质谱图（ESI$^+$）：

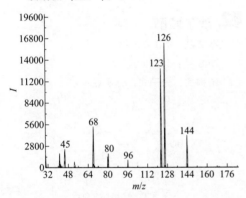

m/z 188＞126（定量离子对），m/z 188＞123。

50. 羟甲基甲硝咪唑

英文名：hydroxy dimetridazole

CAS 号：936-05-0。

结构式、分子式、分子量：

分子式：$C_5H_7N_3O_3$
分子量：157.13

溶解性：可溶于甲醇[18]。

主要用途：地美硝唑、洛硝哒唑代谢物[18]。

检验方法：GB/T 22982，农业部 1025 号公告-2-2008。

检测器：DAD，MS（ESI 源）。

光谱图：

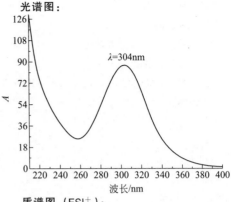

$\lambda=304nm$

质谱图（ESI$^+$）：

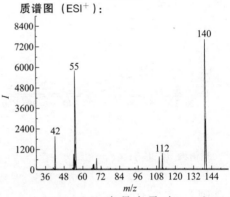

m/z 158＞140（定量离子对），m/z 158＞55。

51. 庆大霉素硫酸盐

英文名：gentamicin sulfate

CAS 号：1405-41-0。

结构式、分子式、分子量：

分子式：$C_{60}H_{127}N_{15}O_{26}S$
分子量：1506.80

溶解性：易溶于水，不溶于乙醇、丙酮、三氯甲烷和乙醚[1]。

主要用途：广谱抗生素药物[1]。

检验方法：农业部 1163 号公告-7-2009。

检测器：DAD，FLD（衍生），MS（ESI）。

光谱图：

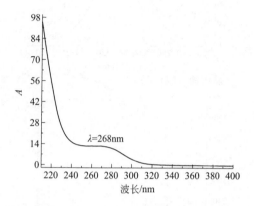

质谱图（ESI+）：

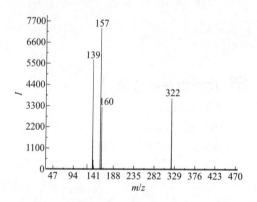

m/z 478＞157（定量离子对），m/z 478＞139。

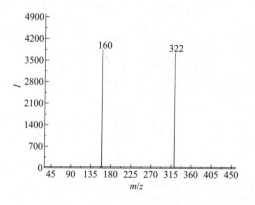

m/z 464＞322（定量离子对），m/z 464＞160。

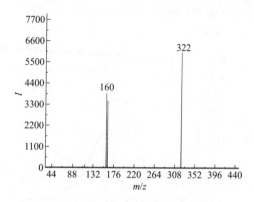

m/z 450＞322（定量离子对），m/z 450＞160。

52. 沙丁胺醇

英文名：salbutamol

CAS 号：18559-94-9。

结构式、分子式、分子量：

分子式：$C_{13}H_{21}NO_3$
分子量：239.31

溶解性：可溶于乙醇，略溶于水，不溶于乙醚[11]。

主要用途：β-受体激动剂[16,17]。

检验方法：GB/T 21313，GB/T 22286，SN/T 1924。

检测器：DAD，MS（ESI 源）。

光谱图：

质谱图（ESI⁺）：

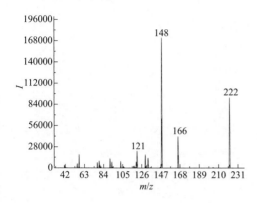

m/z 240＞148（定量离子对），m/z 240＞222。

53. 沙拉沙星

英文名：sarafloxacin

CAS 号：98105-99-8。

结构式、分子式、分子量：

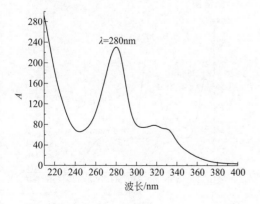

分子式：$C_{20}H_{17}F_2N_3O_3$

分子量：385.36

溶解性：可溶于甲醇和乙腈[6,7]。

主要用途：喹诺酮类药物[6,7]。

检验方法：GB 29692，GB/T 20366，GB/T 21312。

检测器：DAD，MS（ESI 源）。

光谱图：

质谱图（ESI⁺）：

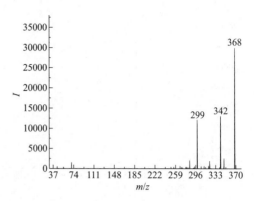

m/z 386＞368（定量离子对），m/z 386＞342。

54. 1,3-双（4-硝基苯基）脲（4,4′-二硝基均二苯脲）

英文名：1,3-bis(4-nitrophenyl)urea

CAS 号：587-90-6。

结构式、分子式、分子量：

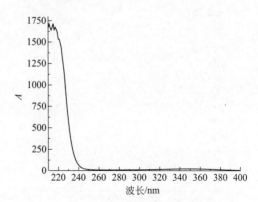

分子式：$C_{13}H_{10}N_4O_5$

分子量：302.24

溶解性：可溶于二甲基甲酰胺[17]。

主要用途：尼卡巴嗪残留标志物[17]。

检验方法：GB 29690，GB 29691。

检测器：DAD，MS（ESI 源）。

光谱图：

质谱图（ESI⁻）：

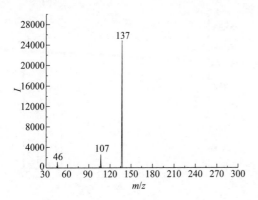

m/z 301＞137（定量离子对），m/z 301＞107。

质谱图（ESI⁺）：

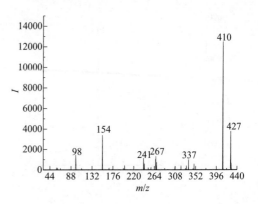

m/z 445＞410（定量离子对），m/z 445＞427。

55. 四环素盐酸盐

英文名：tetracycline hydrochloride

CAS 号：64-75-5。

结构式、分子式、分子量：

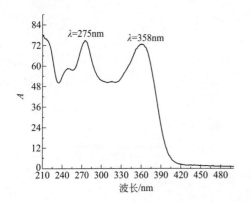

分子式：$C_{22}H_{25}ClN_2O_8$
分子量：480.90

溶解性：溶于水，略溶于乙醇，不溶于三氯甲烷和乙醚[8]。

主要用途：四环素类药物[8]。

检验方法：GB/T 20764，GB/T 21317，GB/T 22990，GB/T 23409。

检测器：DAD，MS（ESI 源）。

光谱图：

$\lambda=275nm$　$\lambda=358nm$

56. 司帕沙星

英文名：sparfloxacin

CAS 号：111542-93-9。

结构式、分子式、分子量：

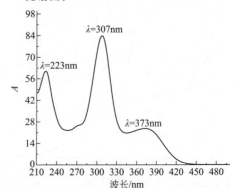

分子式：$C_{19}H_{22}F_2N_4O_3$
分子量：392.40

溶解性：微溶于乙腈、甲醇和乙酸乙酯，极微溶于乙醇，几乎不溶于水，可溶于 0.1mol/L 氢氧化钠溶液，略溶于冰乙酸[11]。

主要用途：喹诺酮类药物[6,7]。

检验方法：GB/T 20366，GB/T 23412，农业部 1077 号公告-1-2008。

检测器：DAD，MS（ESI 源）。

光谱图：

$\lambda=223nm$　$\lambda=307nm$　$\lambda=373nm$

质谱图（ESI⁺）：

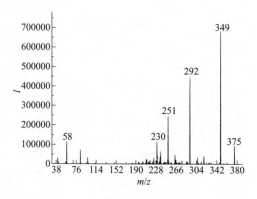

m/z 393＞349（定量离子对），m/z 393＞292。

57. 特布他林

英文名：terbutaline

CAS 号：23031-25-6。

结构式、分子式、分子量：

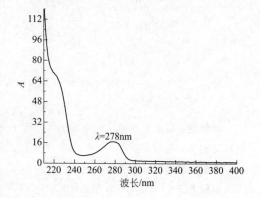

分子式：$C_{12}H_{19}NO_3$
分子量：225.28

溶解性：可溶于甲醇[16]。

主要用途：β-受体激动剂[16,17]。

检验方法：GB/T 21313，GB/T 22286，SN/T 1924。

检测器：DAD，MS（ESI 源）。

光谱图：

质谱图（ESI⁺）：

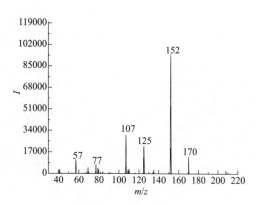

m/z 226＞152（定量离子对），m/z 226＞107。

58. 替米考星

英文名：tilmicosin

CAS 号：108050-54-0。

结构式、分子式、分子量：

分子式：$C_{46}H_{80}N_2O_{13}$
分子量：869.13

溶解性：可溶于甲醇[19]。

主要用途：大环内酯类药物[19]。

检验方法：GB/T 22941，GB/T 22946，GB/T 20762，农业部 1025 号公告-10-2008。

检测器：DAD，MS（ESI 源）。

光谱图：

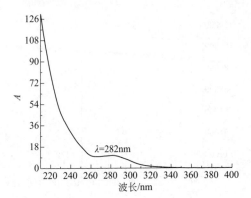

质谱图（ESI⁺）：

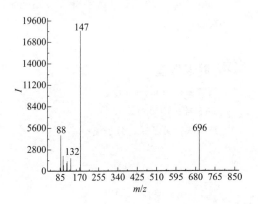

m/*z* 869.5＞174（定量离子对），*m*/*z* 869.5＞696。

59. 头孢氨苄

英文名： cephalexin

CAS 号： 15686-71-2。

结构式、分子式、分子量：

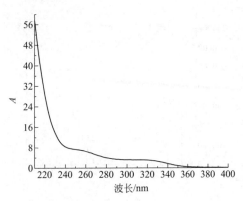

分子式：$C_{16}H_{17}N_3O_4S$

分子量：347.39

溶解性： 微溶于水，不溶于乙醇、三氯甲烷和乙醚[1]。

　主要用途： 头孢菌素类药物[1]。

　检验方法： GB/T 22942，GB/T 22960，GB/T 22989，SN/T 1988。

　检测器： DAD，MS（ESI 源）。

光谱图：

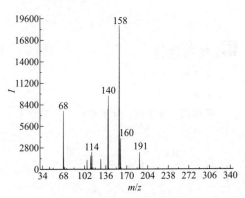

质谱图（ESI⁺）：

m/*z* 348＞158（定量离子对），*m*/*z* 348＞140。

60. 土霉素

英文名： oxytetracycline

CAS 号： 79-57-2。

结构式、分子式、分子量：

分子式：$C_{22}H_{24}N_2O_9$

分子量：460.43

溶解性： 微溶于乙醇，极微溶于水，溶于氢氧化钠和稀盐酸溶液[1]。

　主要用途： 四环素类药物[1]。

　检验方法： GB/T 20764，GB/T 21317，GB/T 22990，GB/T 23409。

　检测器： DAD，MS（ESI 源）。

光谱图：

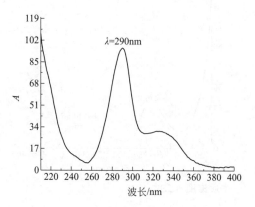

质谱图（ESI⁺）：

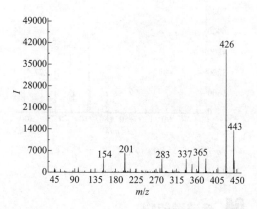

m/z 461＞426（定量离子对），m/z 461＞443。

61. 西诺沙星

英文名：cinoxacin

CAS 号：28657-80-9。

结构式、分子式、分子量：

分子式：$C_{12}H_{10}N_2O_5$
分子量：262.22

溶解性：可溶于甲醇和乙腈[6,7]。

主要用途：喹诺酮类药物[6,7]。

检验方法：GB/T 20366，GB/T 23412。

检测器：DAD，MS（ESI源）。

光谱图：

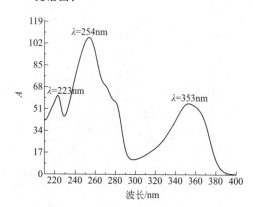

质谱图（ESI⁺）：

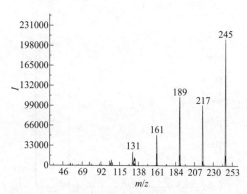

m/z 263＞245（定量离子对），m/z 263＞189。

62. 氧氟沙星

英文名：ofloxacin

CAS 号：82419-36-1。

结构式、分子式、分子量：

分子式：$C_{18}H_{20}FN_3O_4$
分子量：361.37

溶解性：略溶于三氯甲烷，微溶和极微溶于水和甲醇，易溶于冰乙酸和氢氧化钠溶液，可溶于 0.1mol/L 盐酸溶液[11]。

主要用途：喹诺酮类药物[6,7]。

检验方法：GB 29692，GB/T 20366，GB/T 21312。

检测器：DAD，FLD，MS（ESI源）。

光谱图：

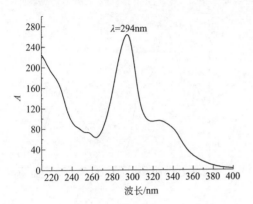

质谱图（ESI⁺）：

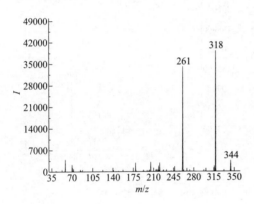

m/z 362＞318（定量离子对），m/z 362＞261。

63. 依诺沙星

英文名：enoxacin

CAS 号：74011-58-8。

结构式、分子式、分子量：

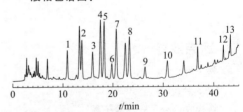

分子式：$C_{15}H_{17}FN_4O_3$

分子量：320.32

溶解性：微溶于甲醇，极微溶于乙醇，不溶于水，易溶于冰乙酸和氢氧化钠溶液[11]。

主要用途：喹诺酮类药物[6,7]。

检验方法：GB/T 20366，GB/T 21312。

检测器：DAD，MS（ESI 源）。

光谱图：

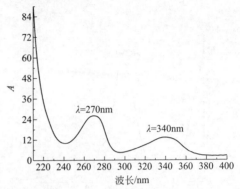

质谱图（ESI⁺）：

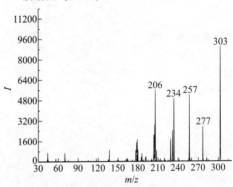

m/z 321＞303（定量离子对），m/z 321＞206。

64. 喹诺酮药物

液相色谱图：

1—马波沙星；2—氧氟沙星；3—诺氟沙星；
4—恩诺沙星；5—环丙沙星；6—帕珠沙星；
7—双佛沙星；8—沙拉沙星；9—加替沙星；
10—司帕沙星；11—噁喹酸；
12—萘啶酸；13—氟甲喹

色谱柱：Diamonsil C18(2)(250mm×4.6mm, 5μm)；柱温：35℃；检测波长：280nm；进样量：20μL；流速：1.0mL/min；流动相：A—0.2%磷酸溶液，B—甲醇；梯度洗脱。

时间/min	0	25	40	42	50
A/%	78	67	35	78	78
B/%	22	33	65	22	22

65. 四环素类药物

液相色谱图：

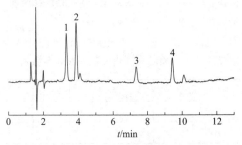

1—土霉素；2—四环素；3—金霉素；4—强力霉素

色谱柱：Spursil C18（150mm × 4.6mm，5μm）；柱温：30℃；检测波长：365nm；进样量：20μL；流速：1.0mL/min；流动相：A—含乙腈的甲醇溶液（1∶1，体积比），B—0.01mol/L 草酸溶液；梯度洗脱。

时间/min	0	10	10.5	20
A/%	30	50	30	30
B/%	70	50	70	70

66. 酰胺醇类和糖皮质类药物

多反应监测图：

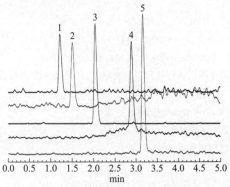

1—甲砜霉素；2—氟苯尼考；3—氯霉素；
4—氢化可的松；5—地塞米松

色谱柱：Shim-pack GISTC18（100mm × 2.1mm，2μm）；柱温：40℃；进样量：5μL；流速：0.3mL/min；流动相：A—水，B—甲醇；梯度洗脱。

时间/min	0	2	3.5	3.6	6
A/%	50	25	25	50	50
B/%	50	75	75	50	50

电离模式：ESI，负离子扫描；扫描模式：

多反应监测（MRM）；化合物 MRM 参数略。

67. 硝基呋喃类药物代谢物

多反应监测图：

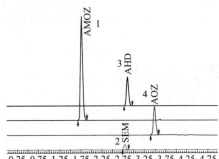

1—5-吗啉甲基-3-氨基-2-噁唑烷基酮衍生物；
2—氨基脲衍生物；3—1-氨基-2-内酰亚胺衍生物；
4—3-氨基-2-噁唑酮衍生物

色谱柱：Shim-pack GISTC18（50mm × 2.1mm，2μm）；柱温：40℃；进样量：10μL；流速：0.5mL/min；流动相：A—0.01％甲酸溶液，B—含 0.01％甲酸的乙腈；梯度洗脱。

时间/min	0	0.5	1.5	3	3.01	4	4.01
A/%	90	90	80	80	30	30	90
B/%	10	10	20	20	70	70	10

电离模式：ESI，正离子扫描；扫描模式：多反应监测（MRM）；化合物 MRM 参数略。

68. 四环素类药物

多反应监测图：

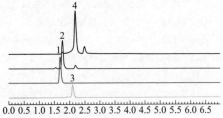

1—土霉素；2—四环素；3—金霉素；4—强力霉素

色谱柱：Shim-packXR-ODS Ⅲ（75mm × 2.0mm，1.6μm）；柱温：35℃；进样量：1μL；流速：0.3mL/min；流动相：A—0.2％甲酸溶液，B—乙腈；梯度洗脱。

时间/min	0	2.5	3.5	7
A/%	90	50	90	90
B/%	10	50	10	10

电离模式：ESI，正负离子同时扫描；扫描模式：多反应监测（MRM）；化合物 MRM 参数略。

69. β-受体激动剂

多反应监测图：

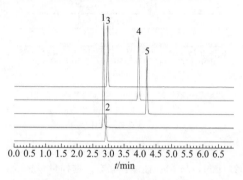

1—西马特罗；2—特布他林；3—沙丁胺醇；
4—莱克多巴胺；5—克伦特罗

色谱柱：Shim-pack GIST C18（50mm×2.1mm，2μm）；柱温：40℃；进样量：5μL；流速：0.3mL/min；流动相：A—0.1%甲酸溶液，B—甲醇；梯度洗脱。

电离模式：ESI，正离子扫描；扫描模式：多反应监测（MRM）；化合物 MRM 参数略。

时间/min	0	1	5	5.5	5.55	7
A/%	95	95	15	15	95	95
B/%	5	5	85	85	5	5

参考文献

[1] 中国兽药典委员会. 中华人民共和国兽药典. 北京：中国农业出版社，2016.

[2] GB/T 21311—2007 动物源性食品中硝基呋喃类药物代谢物残留量检测方法 高效液相色谱/串联质谱法.

[3] GB/T 20752—2006 猪肉、牛肉、鸡肉、猪肝和水产品中硝基呋喃类代谢物残留量的测定 液相色谱-串联质谱法.

[4] GB/T 18932.24—2005 蜂蜜中呋喃它酮、呋喃西林、呋喃妥因和呋喃唑酮代谢物残留量的测定方法 液相色谱-串联质谱法.

[5] GB 29692—2013 食品安全国家标准 牛奶中喹诺酮类药物多残留的测定 高效液相色谱法.

[6] GB/T 20366—2006 动物源产品中喹诺酮类残留量的测定 液相色谱-串联质谱法.

[7] GB/T 21312—2007 动物源性食品中 14 种喹诺酮药物残留检测方法 液相色谱-质谱/质谱法.

[8] 中国兽药典委员会. 中华人民共和国兽药典. 北京：化学工业出版社，2000.

[9] GB 23200.115—2018 食品安全国家标准 鸡蛋中氟虫腈及其代谢物残留量的测定 液相色谱-质谱联用法.

[10] SN/T 1921—2007 进出口动物源性食品中氟甲喹残留量检测方法 液相色谱-质谱/质谱法.

[11] 国家药典委员会. 中华人民共和国药典第二部. 北京：中国医药科技出版社，2015.

[12] GB 29694—2013 食品安全国家标准 动物性食品中 13 种磺胺类药物多残留的测定 高效液相色谱法.

[13] GB/T 20759—2006 畜禽肉中十六种磺胺类药物残留量的测定 液相色谱-串联质谱法.

[14] GB/T 21316—2007 动物源性食品中磺胺类药物残留量的测定 液相色谱-质谱/质谱法.

[15] GB/T 22984—2008 牛奶和奶粉中卡巴氧和喹乙醇代谢物残留量的测定 液相色谱-串联质谱法.

[16] GB/T 21313—2007 动物源性食品中 β-受体激动剂残留检测方法 液相色谱-质谱/质谱法.

[17] GB/T 22286—2008 动物源性食品中多种 β-受体激动剂残留量的测定 液相色谱串联质谱法.

[18] GB/T 22982—2008 牛奶和奶粉中甲硝唑、洛硝哒唑、二甲硝唑及其代谢物残留量的测定 液相色谱-串联质谱法.

[19] GB/T 20762—2006 畜禽肉中林可霉素、竹桃霉素、红霉素、替米考星、泰乐菌素、克林霉素、螺旋霉素、吉它霉素、交沙霉素残留量的测定 液相色谱-串联质谱法.

非法添加物

1. 阿普唑仑

英文名：alprazolam

CAS 号：28981-97-7。

结构式、分子式、分子量：

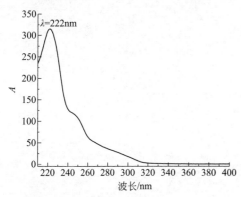

分子式：$C_{17}H_{13}ClN_4$

分子量：308.76

溶解性：易溶于三氯甲烷，略溶于乙醇和丙酮，几乎不溶于水和乙醚[1]。

主要用途：可能非法添加于改善睡眠类保健食品中[2]。

检验方法：BJS 201710，国家食品药品监督管理局药品检验补充检验方法和检验项目批准件 2009024。

检测器：DAD，MS（ESI 源，EI 源）。

光谱图：

质谱图（ESI$^+$）：

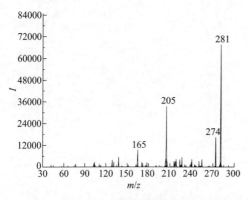

m/z 309＞281（定量离子对），m/z 309＞205。

2. 阿替洛尔

英文名：atenolol

CAS 号：29122-68-7。

结构式、分子式、分子量：

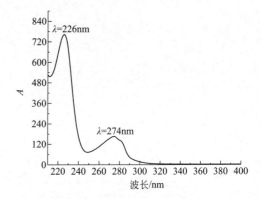

分子式：$C_{14}H_{22}N_2O_3$

分子量：266.34

溶解性：可溶于乙醇，微溶于三氯甲烷和水，几乎不溶于乙醚[1]。

主要用途：可能非法添加于调节血压类保健食品中[3]。

检验方法：BJS 201710，国家食品药品监督管理局药品检验补充检验方法和检验项目批准件 2009032。

检测器：DAD，MS（ESI 源）。

光谱图：

质谱图（ESI$^+$）：

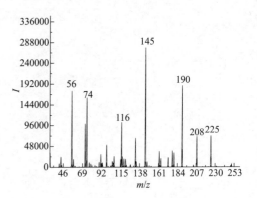

m/z 267＞145（定量离子对），m/z 267＞190。

3. 艾司唑仑

英文名：estazolam

CAS 号：29975-16-4。

结构式、分子式、分子量：

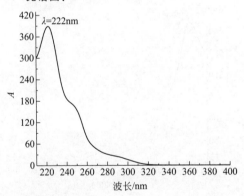

分子式：$C_{16}H_{11}ClN_4$

分子量：294.74

溶解性：易溶于三氯甲烷和醋酐，可溶于甲醇，略溶于乙酸乙酯和乙醇，几乎不溶于水[1]。

主要用途：可能非法添加于改善睡眠类保健食品中[2]。

检验方法：BJS 201710，国家食品药品监督管理局药品检验补充检验方法和检验项目批准件 2009024。

检测器：DAD，MS（ESI 源，EI 源）。

光谱图：

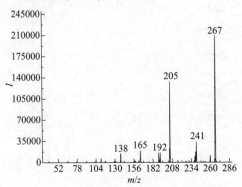

质谱图（ESI+）：

m/z 295＞267（定量离子对），m/z 295 ＞205。

4. 氨基他达那非

英文名：amino tadalafil

CAS 号：385769-84-6。

结构式、分子式、分子量：

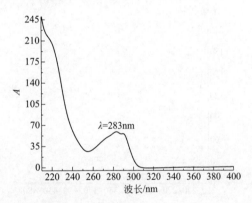

分子式：$C_{21}H_{18}N_4O_4$

分子量：390.39

溶解性：可溶于甲醇和乙腈[4~6]。

主要用途：可能非法添加于抗疲劳、免疫调节类保健食品中[6]。

检验方法：BJS 201601，BJS 201710，国家食品药品监督管理局药品检验补充检验方法和检验项目批准件 2009030。

检测器：DAD，MS（ESI 源）。

光谱图：

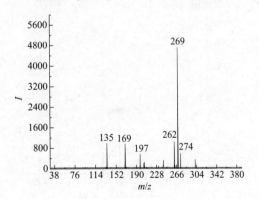

质谱图（ESI+）：

m/z 391＞269（定量离子对），m/z 391 ＞262。

5. 氨氯地平苯磺酸盐

英文名：amlodipine besylate

CAS 号：111470-99-6。

结构式、分子式、分子量：

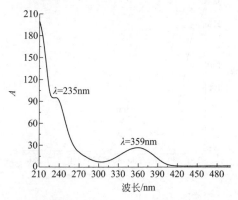

分子式：$C_{26}H_{31}ClN_2O_8S$

分子量：567.05

溶解性：易溶于甲醇和 N,N-二甲基甲酰胺，略溶于乙醇，微溶于水和丙酮[1]。

主要用途：可能非法添加于辅助降血压类保健食品中[7]。

检验方法：BJS 201710，国家食品药品监督管理局药品检验补充检验方法和检验项目批准件 2014008。

检测器：DAD，MS（ESI 源）。

光谱图：

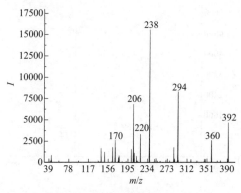

质谱图（ESI⁺）：

m/z 409＞238（定量离子对），m/z 409＞294。

6. 奥沙西泮

英文名：oxazepam

CAS 号：604-75-1。

结构式、分子式、分子量：

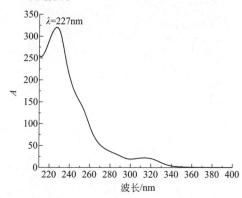

分子式：$C_{15}H_{11}ClN_2O_2$

分子量：286.71

溶解性：微溶于乙醇、丙酮和三氯甲烷，极微溶于乙醚，几乎不溶于水[1]。

主要用途：可能非法添加于改善睡眠类保健食品中[2]。

检验方法：BJS 201710，国家食品药品监督管理局药品检验补充检验方法和检验项目批准件 2009024。

检测器：DAD，MS（ESI 源）。

光谱图：

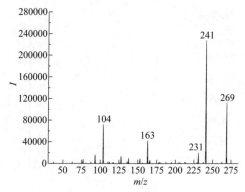

质谱图（ESI⁺）：

m/z 287＞241（定量离子对），m/z 287＞269。

7. 巴比妥

英文名：barbital

CAS 号：57-44-3。

结构式、分子式、分子量：

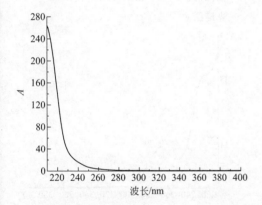

分子式：$C_8H_{12}N_2O_3$
分子量：184.19

溶解性：可溶于甲醇[2,4]。

主要用途：可能非法添加于改善睡眠类保健食品中[2]。

检验方法：BJS 201710，国家食品药品监督管理局药品检验补充检验方法和检验项目批准件 2009024。

检测器：DAD，FID，MS（ESI 源，EI 源）。

光谱图：

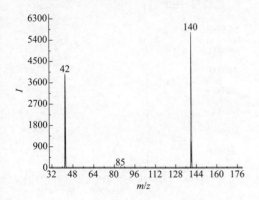

质谱图（ESI$^-$）：

m/z 183＞140（定量离子对），m/z 183＞42。

8. 苯巴比妥

英文名：phenobarbital

CAS 号：50-06-6。

结构式、分子式、分子量：

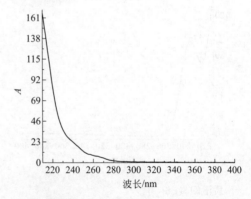

分子式：$C_{12}H_{12}N_2O_3$
分子量：232.24

溶解性：可溶于乙醇、乙醚、氢氧化钠和碳酸钠溶液，略溶于三氯甲烷，极微溶于水[1]。

主要用途：可能非法添加于改善睡眠类保健食品中[2]。

检验方法：BJS 201710，国家食品药品监督管理局药品检验补充检验方法和检验项目批准件 2009024。

检测器：DAD，FID，MS（ESI 源）。

光谱图：

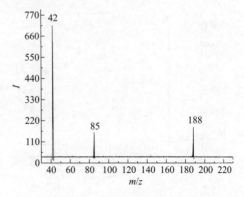

质谱图（ESI$^-$）：

m/z 231＞42（定量离子对），m/z 231＞188。

9. 苯乙双胍盐酸盐

英文名：phenformin hydrochloride

CAS 号：834-28-6。

结构式、分子式、分子量：

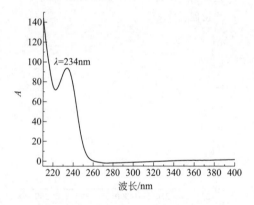

分子式：$C_{10}H_{16}ClN_5$

分子量：241.72

溶解性：易溶于水，可溶于乙醇，几乎不溶于三氯甲烷和乙醚[1]。

主要用途：可能非法添加于调节血糖类保健食品中[8]。

检验方法：BJS 201710，国家食品药品监督管理局药品检验补充检验方法和检验项目批准件 2009029。

检测器：DAD，MS（ESI 源）。

光谱图：

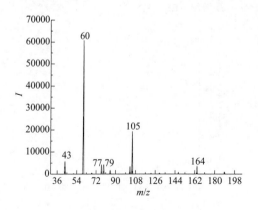

质谱图（ESI$^+$）：

m/z 206＞60（定量离子对），m/z 206＞105。

10. 吡格列酮盐酸盐

英文名：pioglitazone hydrochloride

CAS 号：112529-15-4。

结构式、分子式、分子量：

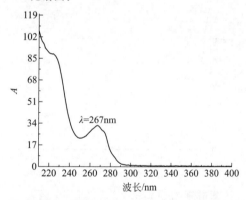

分子式：$C_{19}H_{21}ClN_2O_3S$

分子量：392.90

溶解性：溶于甲醇，微溶于乙醇和 0.1mol/L 的盐酸溶液，几乎不溶于三氯甲烷和乙醚[9]。

主要用途：可能非法添加于调节血糖类保健食品中[8]。

检验方法：BJS 201710，国家食品药品监督管理局药品检验补充检验方法和检验项目批准件 2009029。

检测器：DAD，MS（ESI 源）。

光谱图：

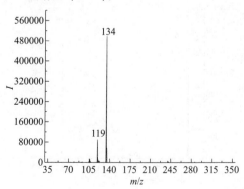

质谱图（ESI$^+$）：

m/z 357＞134（定量离子对），m/z 357＞119。

11. 6-苄基腺嘌呤

英文名: 6-benzyladelline

CAS 号: 1214-39-7。

结构式、分子式、分子量:

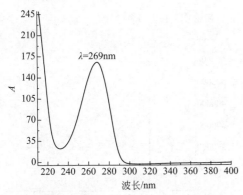

分子式: $C_{12}H_{11}N_5$
分子量: 225.25

溶解性: 难溶于水和一般有机溶剂, 能溶于热乙醇, 稍溶于热水, 易溶于稀酸、稀碱[10]。

主要用途: 可能非法添加于食品中。

检验方法: GB 23200.8, GB/T 20769, GB/T 20770。

检测器: DAD, ECD, MS (ESI 源)。

光谱图:

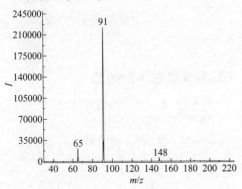

质谱图 (ESI$^+$):

m/z 226 > 91 (定量离子对), m/z 226 > 65。

12. N-单去甲基西布曲明盐酸盐

英文名: N-monodesmethyl sibutramine hydrochloride

CAS 号: 84467-94-7。

结构式、分子式、分子量:

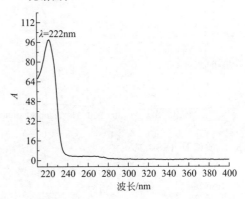

分子式: $C_{16}H_{25}Cl_2N$
分子量: 302.28

溶解性: 可溶于甲醇[4,11]。

主要用途: 可能非法添加于减肥类保健食品中[11]。

检验方法: BJS 201710, 国家食品药品监督管理局药品检验补充检验方法和检验项目批准件 2012005。

检测器: DAD, MS (ESI 源)。

光谱图:

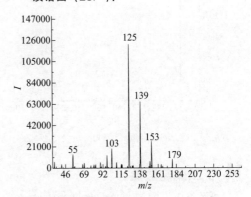

质谱图 (ESI$^+$):

m/z 266 > 125 (定量离子对), m/z 266 > 139。

13. 蒂巴因

英文名: thebaine

CAS 号: 115-37-7。

结构式、分子式、分子量：

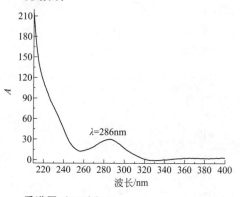

分子式：$C_{19}H_{21}NO_3$
分子量：311.37

溶解性：可溶于甲醇[12]。

主要用途：可能非法添加于食品中[12]。

检验方法：DB31/ 2010。

检测器：DAD，MS（ESI 源）。

光谱图：

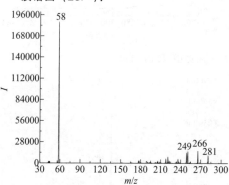

m/z 312＞58（定量离子对），m/z 312＞266。

14. 丁二胍盐酸盐

英文名：*N*-butyl biguanide hydrochloride

CAS 号：1190-53-0。

结构式、分子式、分子量：

$$H_2N \quad NH \quad NH$$

分子式：$C_6H_{16}ClN_5$
分子量：193.68

溶解性：可溶于水和甲醇[1]。

主要用途：可能非法添加于降糖类保健食品中[13]。

检验方法：BJS 201710，国家食品药品监督管理局药品检验补充检验方法和检验项目批准件 2011008。

检测器：DAD，MS（ESI 源）。

光谱图：

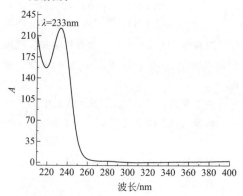

质谱图（ESI⁺）：

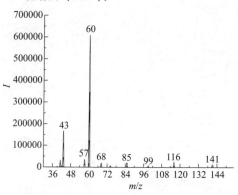

m/z 158＞60（定量离子对），m/z 158＞116。

15. 对羟基苯甲酸丙酯

英文名：propyl 4-hydroxybenzoate

CAS 号：94-13-3。

结构式、分子式、分子量：

分子式：$C_{10}H_{12}O_3$
分子量：180.20

溶解性：易溶于乙醇和丙二醇，极微溶于水[14]。

主要用途：可能非法添加于食品中。

检验方法：GB 5009.31，SN/T 4047。

检测器：DAD，FID，MS（ESI 源，EI 源）。

光谱图：

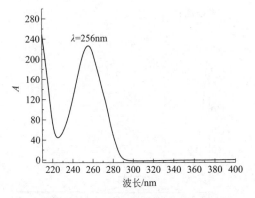

质谱图（ESI⁻）：

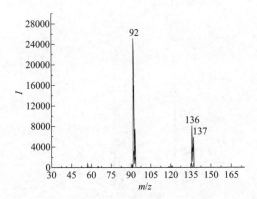

m/z 179＞92（定量离子对），m/z 179＞136。

16. 对羟基苯甲酸丁酯

英文名：butyl 4-hydroxybenzoate

CAS 号：94-26-8。

结构式、分子式、分子量：

分子式：$C_{11}H_{14}O_3$
分子量：194.23

溶解性： 极易溶于乙醇和丙二醇，极微溶于水[14]。

主要用途：可能非法添加于食品中。

检验方法：GB 5009.31，SN/T 4047。

检测器：DAD，FID，MS（ESI 源，EI 源）。

光谱图：

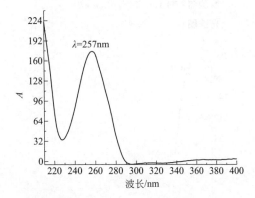

质谱图（ESI⁻）：

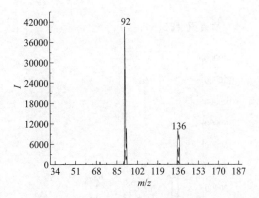

m/z 193＞92（定量离子对），m/z 193＞136。

17. 二甲双胍盐酸盐

英文名：metformin hydrochloride

CAS 号：1115-70-4。

结构式、分子式、分子量：

分子式：$C_4H_{12}ClN_5$
分子量：165.62

溶解性： 易溶于水，可溶于甲醇，微溶于乙醇，不溶于三氯甲烷和乙醚[1]。

主要用途：可能非法添加于调节血糖类保健食品中[8]。

检验方法：BJS 201710，国家食品药品监督管理局药品检验补充检验方法和检验项目批准件 2009029。

检测器：DAD，MS（ESI 源）。

光谱图：

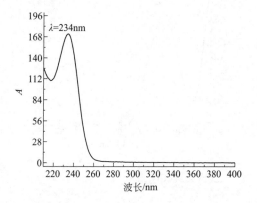

质谱图（ESI+）：

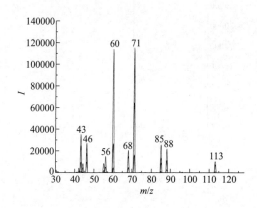

m/z 130＞71（定量离子对），m/z 130＞60。

18. 二氧化硫脲

英文名：thiurea dioxide

CAS 号：1758-73-2。

结构式、分子式、分子量：

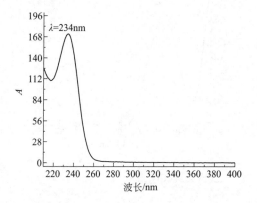

分子式：$CH_4N_2O_2S$

分子量：108.12

溶解性：在 0℃水中可溶解 5%，不溶于

有机溶剂[14]。

主要用途：可能非法添加于食品中[15]。

检验方法：暂无色谱和质谱的食品检测标准方法。

检测器：DAD，MS（ESI 源）。

光谱图：

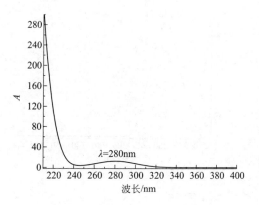

质谱图（ESI+）：

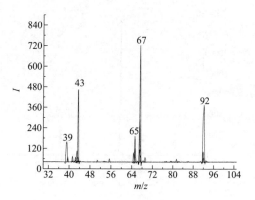

m/z 109＞43（定量离子对），m/z 109＞61。

液相色谱图：

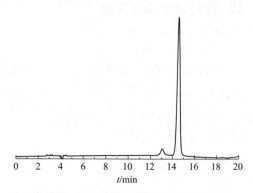

色谱柱：Venusil HILIC（250mm × 4.6mm，5μm）；柱温：25℃；检测波长：280nm；进样

量：10μL；流速：1.0mL/min；流动相：A—0.02mol/L 乙酸铵（冰乙酸调 pH 至 4.5），B—乙腈；线性梯度：

时间/min	0	8	13	15	15.01
A/%	10	10	25	25	10
B/%	90	90	75	15	90

多反应监测图：

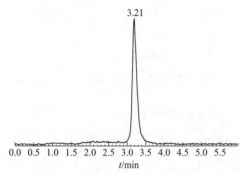

色谱柱：Inspire HILIC（100mm×2.1mm，3μm）；柱温：35℃；进样量：10μL；流速：0.5mL/min；流动相：0.1% 乙酸溶液-乙腈（40∶60，体积比）。

电离模式：ESI，正离子扫描；扫描模式：多反应监测（MRM）；化合物 MRM 参数略。

19. 伐地那非盐酸盐

英文名：vardenafil hydrochloride

CAS 号：224785-91-5。

结构式、分子式、分子量：

分子式：$C_{23}H_{33}ClN_6O_4S$
分子量：525.06

溶解性：可溶于甲醇和乙腈[4~6]。

主要用途：可能非法添加于抗疲劳、免疫调节类保健食品中[6]。

检验方法：BJS 201601，BJS 201710，国家食品药品监督管理局药品检验补充检验方法和检验项目批准件 2009030。

检测器：DAD，MS（ESI 源）。

光谱图：

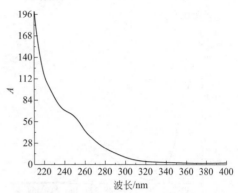

质谱图（ESI$^+$）：

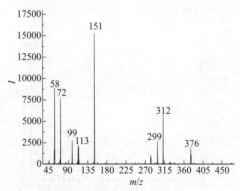

m/z 489＞151（定量离子对），m/z 489＞312。

20. 非洛地平

英文名：felodipine

CAS 号：72509-76-3。

结构式、分子式、分子量：

分子式：$C_{18}H_{19}Cl_2NO_4$
分子量：384.25

溶解性：易溶于丙酮、甲醇和乙醇，几乎不溶于水[9]。

主要用途：可能非法添加于辅助降血压类保健食品中[7]。

检验方法：BJS 201710，国家食品药品监督管理局药品检验补充检验方法和检验项目批准件 2014008。

检测器：DAD，MS（ESI 源）。

光谱图：

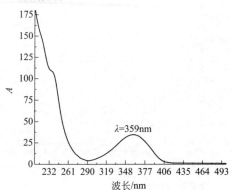

质谱图（ESI⁺）：

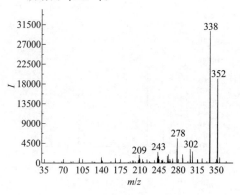

m/z 384＞338（定量离子对），m/z 384＞352。

21. 芬氟拉明盐酸盐

英文名：fenfluramine hydrochloride

CAS 号：404-82-0。

结构式、分子式、分子量：

$$\text{CH}_3\ \text{CH}_3 \cdot \text{HCl}$$

分子式：$C_{12}H_{17}ClF_3N$

分子量：267.72

溶解性：易溶于三氯甲烷和乙醇，可溶于水，不溶于乙醚[9]。

主要用途：可能非法添加于保健食品中[16]。

检验方法：BJS 201710，食药监办许［2010］

---

114 号。

检测器：DAD，FID，MS（ESI 源，EI 源）。

光谱图：

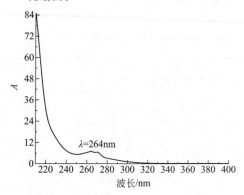

质谱图（ESI⁺）：

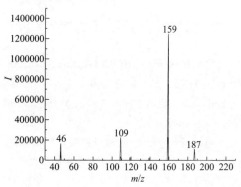

m/z 232＞159（定量离子对），m/z 232＞109。

22. 酚酞

英文名：phenolphthalein

CAS 号：77-09-8。

结构式、分子式、分子量：

分子式：$C_{20}H_{14}O_4$

分子量：318.32

溶解性：在乙醇中溶解，略溶于乙醚，几乎不溶于水[1]。

主要用途：可能非法添加于减肥类保健食品中[16]。

检验方法：BJS 201710，国家食品药品监

督管理局药品检验补充检验方法和检验项目批准件 2012005，食药监办许〔2010〕114 号。

检测器：DAD，MS（ESI 源）。

光谱图：

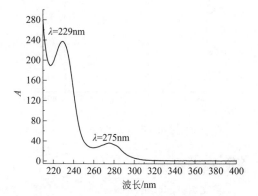

质谱图（ESI⁺）：

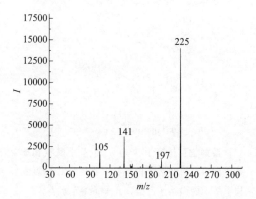

m/z 319＞225（定量离子对），m/z 319＞141。

23. 呋塞米

英文名：furosemide

CAS 号：54-31-9。

结构式、分子式、分子量：

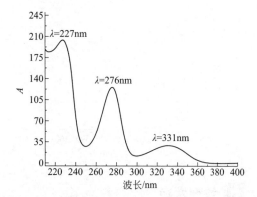

分子式：$C_{12}H_{11}ClN_2O_5S$

分子量：330.74

溶解性：在丙酮中溶解，略溶于乙醇，不溶于水[1]。

主要用途：可能非法添加于减肥类保健食品中[16]。

检验方法：BJS 201710，食药监办许〔2010〕114 号。

检测器：DAD，MS（ESI 源）。

光谱图：

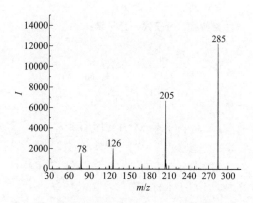

质谱图（ESI⁻）：

m/z 329＞285（定量离子对），m/z 329＞205。

24. 富马酸二甲酯

英文名：dimethyl fumarate

CAS 号：624-49-7。

结构式、分子式、分子量：

分子式：$C_6H_8O_4$

分子量：144.13

溶解性：微溶于水，易溶于醇、丙酮和三氯甲烷[14]。

主要用途：可能非法添加于食品中[15]。

检验方法：GB/T 28486，SN/T 3623，

NY/T 1723。

检测器：DAD，FID，MS（EI 源）。

光谱图：

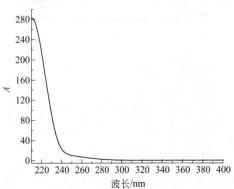

波长/nm

25. 格列本脲

英文名：glibenclamide

CAS 号：10238-21-8。

结构式、分子式、分子量：

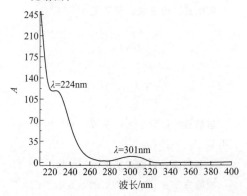

分子式：$C_{23}H_{28}ClN_3O_5S$
分子量：494.00352

溶解性：略溶于三氯甲烷，微溶于甲醇和乙醇，不溶于水和乙醚[1]。

主要用途：可能非法添加于调节血糖类保健食品中[8]。

检验方法：BJS 201710，国家食品药品监督管理局药品检验补充检验方法和检验项目批准件 2009029。

检测器：DAD，MS（ESI 源）。

光谱图：

λ=224nm
λ=301nm
波长/nm

质谱图（ESI$^+$）：

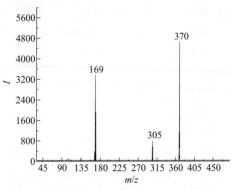

m/z

m/z 495＞370（定量离子对），m/z 495＞169。

26. 格列吡嗪

英文名：glipizide

CAS 号：29094-61-9。

结构式、分子式、分子量：

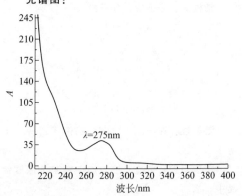

分子式：$C_{21}H_{27}N_5O_4S$
分子量：445.54

溶解性：易溶于 N,N-二甲基甲酰胺和稀氢氧化钠溶液，微溶于丙酮、三氯甲烷、二氧六环和甲醇，极微溶于乙醇，几乎不溶于水[1]。

主要用途：可能非法添加于调节血糖类保健食品中[8]。

检验方法：BJS 201710，国家食品药品监督管理局药品检验补充检验方法和检验项目批准件 2009029。

检测器：DAD，MS（ESI 源）。

光谱图：

λ=275nm
波长/nm

质谱图（ESI⁺）：

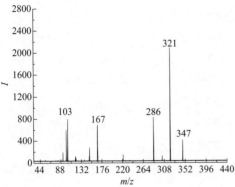

$m/z\ 446 > 321$（定量离子对），$m/z\ 446 > 286$。

27. 格列波脲

英文名：glibornuride

CAS 号：26944-48-9。

结构式、分子式、分子量：

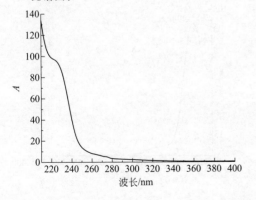

分子式：$C_{18}H_{26}N_2O_4S$

分子量：366.48

溶解性：可溶于甲醇[17]。

主要用途：可能非法添加于降糖类保健食品中[17]。

检验方法：BJS 201710，国家食品药品监督管理局药品检验补充检验方法和检验项目批准件 2013001。

检测器：DAD，MS（ESI源）。

光谱图：

质谱图（ESI⁺）：

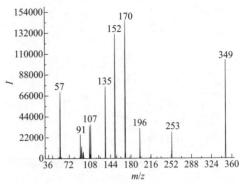

$m/z\ 367 > 170$（定量离子对），$m/z\ 367 > 152$。

28. 格列喹酮

英文名：gliquidone

CAS 号：33342-05-1。

结构式、分子式、分子量：

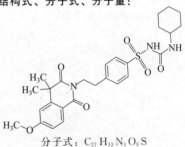

分子式：$C_{27}H_{33}N_3O_6S$

分子量：527.63

溶解性：易溶于三氯甲烷，略溶于丙酮，微溶于乙醇和甲醇，几乎不溶于水[1]。

主要用途：可能非法添加于调节血糖类保健食品中[8]。

检验方法：BJS 201710，国家食品药品监督管理局药品检验补充检验方法和检验项目批准件 2009029。

检测器：DAD，MS（ESI源）。

光谱图：

质谱图（ESI$^+$）：

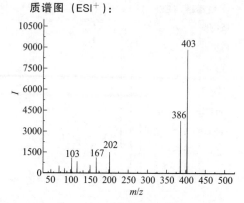

m/z 528＞403（定量离子对），m/z 528＞386。

29. 格列美脲

英文名：glimepiride

CAS 号：93479-97-1。

结构式、分子式、分子量：

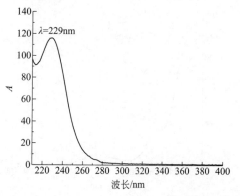

分子式：$C_{24}H_{34}N_4O_5S$
分子量：490.62

溶解性：易溶于三氯甲烷，略溶于丙酮，微溶于乙醇和甲醇，几乎不溶于水[1]。

主要用途：可能非法添加于调节血糖类保健食品中[8]。

检验方法：BJS 201710，国家食品药品监督管理局药品检验补充检验方法和检验项目批准件 2009029。

检测器：DAD，MS（ESI 源）。

光谱图：

$\lambda=229nm$

质谱图（ESI$^+$）：

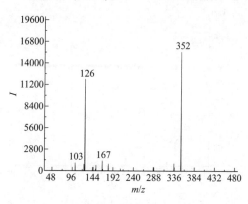

m/z 491＞352（定量离子对），m/z 491＞126。

30. 格列齐特

英文名：gliclazide

CAS 号：21187-98-4。

结构式、分子式、分子量：

分子式：$C_{15}H_{21}N_3O_3S$
分子量：323.41

溶解性：在三氯甲烷中溶解，略溶于甲醇，微溶于乙醇，不溶于水[1]。

主要用途：可能非法添加于调节血糖类保健食品中[8]。

检验方法：BJS 201710，国家食品药品监督管理局药品检验补充检验方法和检验项目批准件 2009029。

检测器：DAD，MS（ESI 源）。

光谱图：

$\lambda=228nm$

质谱图（ESI⁺）：

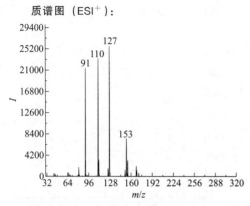

m/z 324＞127（定量离子对），m/z 324＞110。

31. 豪莫西地那非

英文名：homo sildenafil

CAS 号：642928-07-2。

结构式、分子式、分子量：

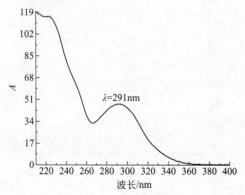

分子式：$C_{23}H_{32}N_6O_4S$

分子量：488.60

溶解性：可溶于甲醇和乙腈[4~6]。

主要用途：可能非法添加于抗疲劳、免疫调节类保健食品中[6]。

检验方法：BJS 201601，BJS 201710，国家食品药品监督管理局药品检验补充检验方法和检验项目批准件 2009030。

检测器：DAD，MS（ESI 源）。

光谱图：

质谱图（ESI⁺）：

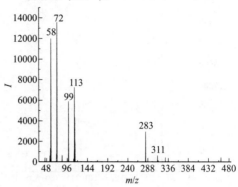

m/z 489＞72（定量离子对），m/z 489＞113。

32. 红地那非

英文名：acetildenafil

CAS 号：831217-01-7。

结构式、分子式、分子量：

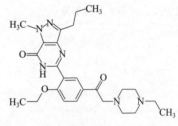

分子式：$C_{25}H_{34}N_6O_3$

分子量：466.58

溶解性：可溶于甲醇和乙腈[4~6]。

主要用途：可能非法添加于抗疲劳、免疫调节类保健食品中[6]。

检验方法：BJS 201601，BJS 201710，国家食品药品监督管理局药品检验补充检验方法和检验项目批准件 2009030。

检测器：DAD，MS（ESI 源）。

光谱图：

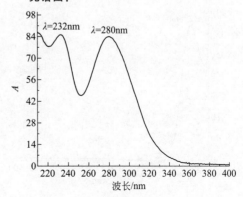

质谱图（ESI$^+$）：

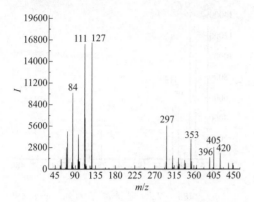

m/z 467＞127（定量离子对），m/z 467＞111。

33. 甲苯磺丁脲

英文名：tolbutamide

CAS 号：64-77-7。

结构式、分子式、分子量：

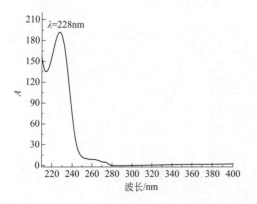

分子式：$C_{12}H_{18}N_2O_3S$

分子量：270.35

溶解性：易溶于丙酮、三氯甲烷和氢氧化钠溶液，在乙醇中溶解，几乎不溶于水[1]。

主要用途：可能非法添加于调节血糖类保健食品中[8]。

检验方法：BJS 201710，国家食品药品监督管理局药品检验补充检验方法和检验项目批准件 2009029。

检测器：DAD，MS（ESI 源）。

光谱图：

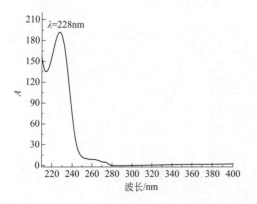

质谱图（ESI$^+$）：

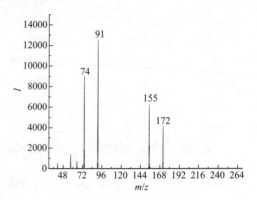

m/z 271＞91（定量离子对），m/z 271＞74。

34. 碱性橙 2

英文名：basic orange 2

CAS 号：532-82-1。

结构式、分子式、分子量：

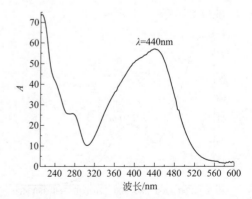

分子式：$C_{12}H_{13}ClN_4$

分子量：248.71

溶解性：溶于水和乙醇[14]。

主要用途：可能非法添加于食品中[15]。

检验方法：GB/T 23496，DBS22/ 006，DB35/T 897。

检测器：DAD，MS（ESI 源）。

光谱图：

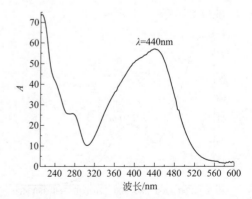

质谱图（ESI⁺）：

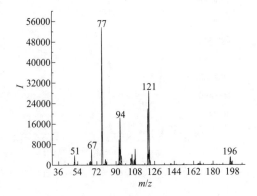

质谱图（ESI⁺）：

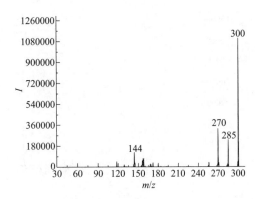

m/z 213＞77（定量离子对），*m/z* 213
＞121。

m/z 315＞300（定量离子对），*m/z* 315
＞270。

35. 碱性橙 21

英文名：basic orange 21

CAS 号：3056-93-7。

结构式、分子式、分子量：

分子式：C₂₂H₂₃ClN₂
分子量：350.88

溶解性：可溶于甲醇。

主要用途：可能非法添加于食品中[15]。

检验方法：GB/T 23496。

检测器：DAD，MS（ESI 源）。

光谱图：

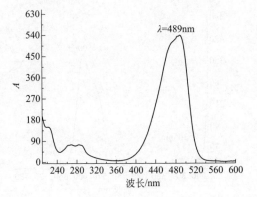

36. 碱性橙 22

英文名：basic orange 22

CAS 号：4657-00-5。

结构式、分子式、分子量：

分子式：C₂₈H₂₇ClN₂
分子量：426.98

溶解性：可溶于甲醇。

主要用途：可能非法添加于食品中[15]。

检验方法：GB/T 23496。

检测器：DAD，MS（ESI 源）。

光谱图：

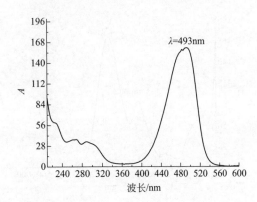

质谱图（ESI⁺）：

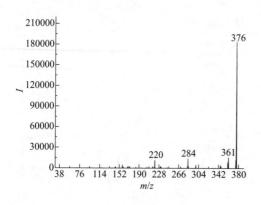

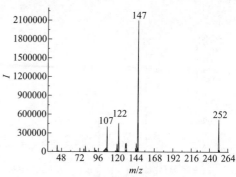

质谱图（ESI⁺）：

m/z 391＞376（定量离子对），m/z 391＞284。

m/z 268＞147（定量离子对），m/z 268＞252。

37. 碱性嫩黄 O

英文名：auramine O

CAS 号：2465-27-2。

结构式、分子式、分子量：

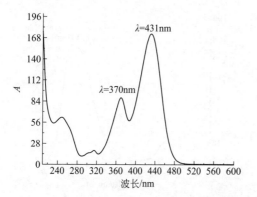

分子式：$C_{17}H_{22}ClN_3$
分子量：303.83

溶解性： 溶于乙醇、微溶于冷水，难溶于乙醚[19]。

主要用途： 可能非法添加于食品中[15]。

检验方法： DBS22/006，DB35/T 897。

检测器： DAD，MS（ESI 源）。

光谱图：

38. 结晶紫

英文名：crystal violet

CAS 号：548-62-9。

结构式、分子式、分子量：

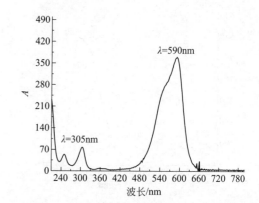

分子式：$C_{25}H_{30}ClN_3$
分子量：407.98

溶解性： 溶于水、乙醇和三氯甲烷，不溶于乙醚[14]。

主要用途： 可能非法添加于食品中。

检验方法： GB/T 19857，GB/T 20361。

检测器： DAD，FLD，MS（ESI 源）。

光谱图：

质谱图（ESI⁺）：

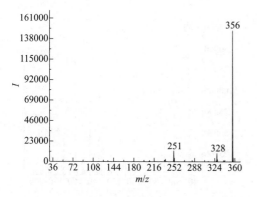

m/z 372＞356（定量离子对），m/z 372＞251。

39. 卡托普利

英文名：captopril

CAS 号：62571-86-2。

结构式、分子式、分子量：

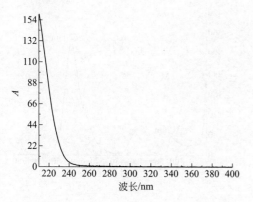

分子式：$C_9H_{15}NO_3S$

分子量：217.29

溶解性：易溶于甲醇、乙醇和三氯甲烷，水中溶解[1]。

主要用途：可能非法添加于调节血压类保健食品中[3]。

检验方法：BJS 201710，国家食品药品监督管理局药品检验补充检验方法和检验项目批准件 2009032。

检测器：DAD，MS（ESI 源）。

光谱图：

质谱图（ESI⁺）：

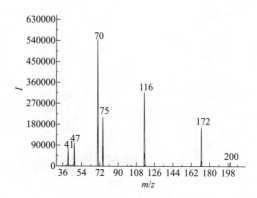

m/z 218＞70（定量离子对），m/z 218＞116。

40. 可待因

英文名：codeine

CAS 号：76-57-3。

结构式、分子式、分子量：

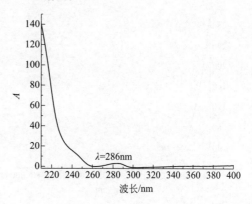

分子式：$C_{18}H_{21}NO_3$

分子量：299.36

溶解性：易溶于水，微溶于乙醇，难溶于乙醚和三氯甲烷[14]。

主要用途：可能非法添加于食品中[12]。

检验方法：DB31/ 2010。

检测器：DAD，MS（ESI 源）。

光谱图：

质谱图（ESI+）：

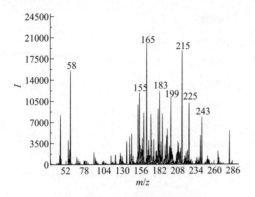

$m/z\ 300 > 165$（定量离子对），$m/z\ 300 > 215$。

41. 可乐定盐酸盐

英文名：clonidine hydrochloride

CAS 号：4205-91-8。

结构式、分子式、分子量：

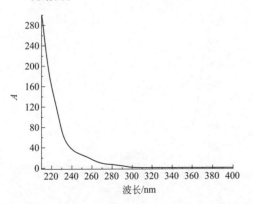

分子式：$C_9H_{10}Cl_3N_3$
分子量：266.55

溶解性：水和乙醇中溶解，极微溶于三氯甲烷，几乎不溶于乙醚[1]。

主要用途：可能非法添加于调节血压类保健食品中[3]。

检验方法：BJS 201710，国家食品药品监督管理局药品检验补充检验方法和检验项目批准件 2009032。

检测器：DAD，MS（ESI 源）。

光谱图：

质谱图（ESI+）：

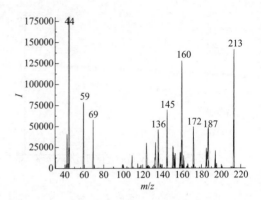

$m/z\ 230 > 213$（定量离子对），$m/z\ 230 > 160$。

42. 孔雀石绿

英文名：malachite green

CAS 号：569-64-2。

结构式、分子式、分子量：

分子式：$C_{23}H_{25}ClN_2$
分子量：364.91

溶解性：可溶于水和乙腈[14,19]。

主要用途：可能非法添加于食品中[15]。

检验方法：GB/T 19857，GB/T 20361。

检测器：DAD，FLD，MS（ESI 源）。

光谱图：

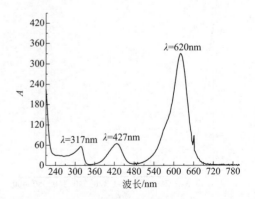

质谱图（ESI$^+$）：

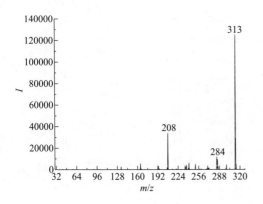

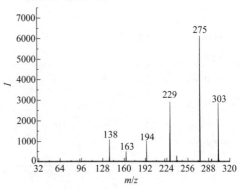

m/z 321＞275（定量离子对），m/z 321＞303。

m/z 329＞313（定量离子对），m/z 329＞208。

43. 劳拉西泮

英文名：lorazepam

CAS 号：846-49-1。

结构式、分子式、分子量：

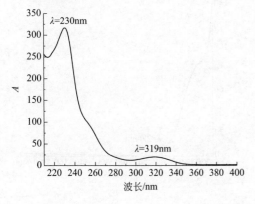

分子式：$C_{15}H_{10}Cl_2N_2O_2$

分子量：321.16

溶解性：可溶于甲醇[2,4]。

主要用途：可能非法添加于改善睡眠类保健食品中[2]。

检验方法：BJS 201710，国家食品药品监督管理局药品检验补充检验方法和检验项目批准件 2009024。

检测器：DAD，MS（ESI 源）。

光谱图：

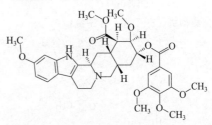

44. 利血平

英文名：reserpine

CAS 号：50-55-5。

结构式、分子式、分子量：

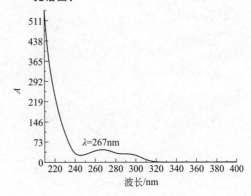

分子式：$C_{33}H_{40}N_2O_9$

分子量：608.68

溶解性：易溶于三氯甲烷，微溶于丙酮，几乎不溶于水、甲醇、乙醇和乙醚[1]。

主要用途：可能非法添加于调节血压类保健食品中[3]。

检验方法：BJS 201710，国家食品药品监督管理局药品检验补充检验方法和检验项目批准件 2009032。

检测器：DAD，MS（ESI 源）。

光谱图：

质谱图（ESI⁺）：

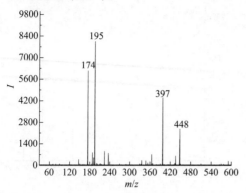

m/z 609＞195（定量离子对），m/z 609＞397。

45. 硫代艾地那非

英文名：thioaildenafil

CAS 号：856190-47-1。

结构式、分子式、分子量：

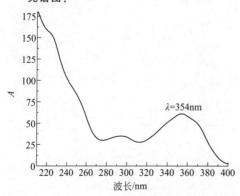

分子式：$C_{23}H_{32}N_6O_3S_2$
分子量：504.67

溶解性：可溶于甲醇和乙腈[4~6]。

主要用途：可能非法添加于抗疲劳、免疫调节类保健食品中[6]。

检验方法：BJS 201601，BJS 201710，国家食品药品监督管理局药品检验补充检验方法和检验项目批准件 2009030。

检测器：DAD，MS（ESI 源）。

光谱图：

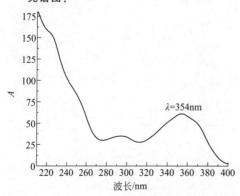

质谱图（ESI⁺）：

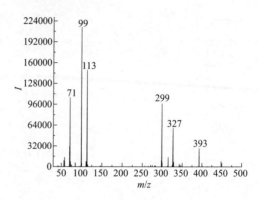

m/z 505＞99（定量离子对），m/z 505＞113。

46. 邻苯二甲酸二正丁酯（DBP）

英文名：dibutyl phthalate（DBP）

CAS 号：84-74-2。

结构式、分子式、分子量：

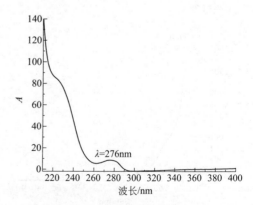

分子式：$C_{16}H_{22}O_4$
分子量：278.34

溶解性：不溶于水，溶于乙醇、乙醚等有机溶剂[14]。

主要用途：可能非法添加于食品中[15]。

检验方法：GB 5009.271，SN/T 3147，LS/T 6131。

检测器：DAD，FID，MS（ESI 源，EI 源）。

光谱图：

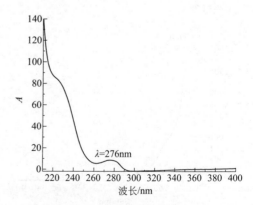

质谱图（ESI⁺）：

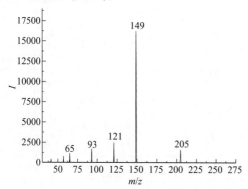

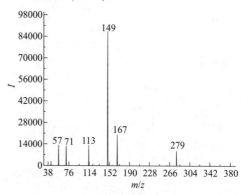

m/z 279＞149（定量离子对），m/z 279＞121。

m/z 391＞149（定量离子对），m/z 391＞167。

47. 邻苯二甲酸二（2-乙基）己酯（DEHP）

英文名： bis（2-ethylhexyl）phthalate（DEHP）

CAS 号： 117-81-7。

结构式、分子式、分子量：

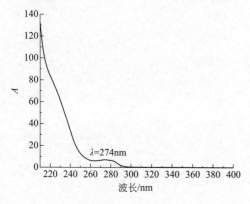

分子式：$C_{24}H_{38}O_4$
分子量：390.56

溶解性： 不溶于水，溶于乙醇、乙醚、矿物油等[14]。

主要用途： 可能非法添加于食品中[15]。

检验方法： GB 5009.271，SN/T 3147，LS/T 6131。

检测器： DAD，FID，MS（ESI 源，EI 源）。

光谱图：

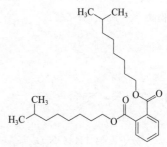

48. 邻苯二甲酸二异壬酯（DINP）

英文名： diisononyl ortho-phthalate（DINP）

CAS 号： 28553-12-0。

结构式、分子式、分子量：

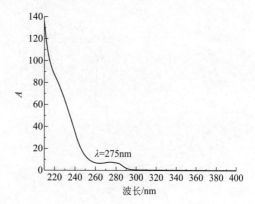

分子式：$C_{26}H_{42}O_4$
分子量：418.61

溶解性： 可溶于正己烷和乙腈[22,23]。

主要用途： 可能非法添加于食品中[15]。

检验方法： GB 5009.271，SN/T 3147，LS/T 6131。

检测器： DAD，FID，MS（ESI 源，EI 源）。

光谱图：

质谱图（ESI⁺）：

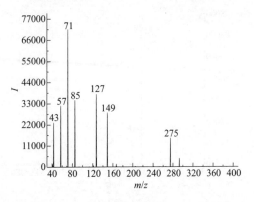

m/z 419＞71（定量离子对），*m/z* 419＞127。

49. 罗丹明 B

英文名：rhodamine B

CAS 号：81-88-9。

结构式、分子式、分子量：

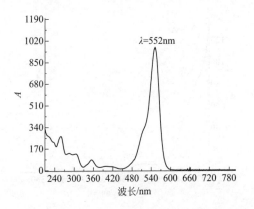

分子式：$C_{28}H_{31}ClN_2O_3$
分子量：479.01

溶解性：易溶于水、乙醇、微溶于丙酮、三氯甲烷、盐酸和氢氧化钠溶液[19]。

主要用途：可能非法添加于食品中[15]。

检验方法：SN/T 2430，SN/T 3845，SN/T 4523。

检测器：DAD，FLD，MS（ESI 源）。

光谱图：

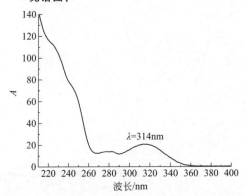

质谱图（ESI⁺）：

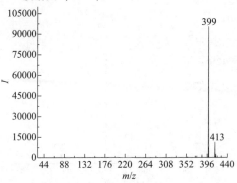

m/z 443＞399（定量离子对），*m/z* 443＞413。

50. 罗格列酮马来酸盐

英文名：rosiglitazone maleate

CAS 号：155141-29-0。

结构式、分子式、分子量：

分子式：$C_{22}H_{23}N_3O_7S$
分子量：473.50

溶解性：微溶于水，在甲醇中溶解[9]。

主要用途：可能非法添加于调节血糖类保健食品中[8]。

检验方法：BJS 201710，国家食品药品监督管理局药品检验补充检验方法和检验项目批准件 2009029。

检测器：DAD，MS（ESI 源）。

光谱图：

质谱图（ESI+）：

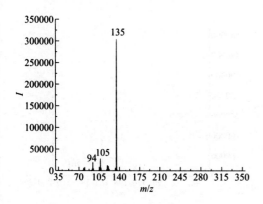

m/z 357＞135（定量离子对），*m/z* 357＞105。

51. 罗通定

英文名：rotundine

CAS 号：10097-84-4。

结构式、分子式、分子量：

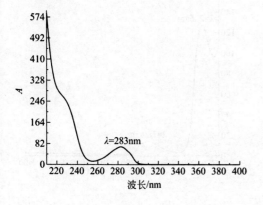

分子式：$C_{21}H_{25}NO_4$
分子量：355.43

溶解性：在三氯甲烷中溶解，略溶于乙醇和乙醚，不溶于水，易溶于稀硫酸[1]。

主要用途：可能非法添加于改善睡眠类保健食品中[20]。

检验方法：BJS 201710，国家食品药品监督管理局药品检验补充检验方法和检验项目批准件 2013002。

检测器：DAD，MS（ESI 源）。

光谱图：

质谱图（ESI+）：

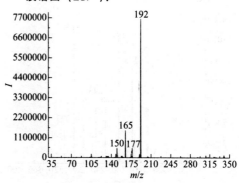

m/z 356＞192（定量离子对），*m/z* 356＞165。

52. 洛伐他丁

英文名：lovastatin

CAS 号：75330-75-5。

结构式、分子式、分子量：

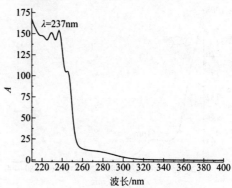

分子式：$C_{24}H_{36}O_5$
分子量：404.54

溶解性：易溶于三氯甲烷，在丙酮中溶解，略溶于乙醇、乙酸乙酯和乙腈，不溶于水[1]。

主要用途：可能非法添加于辅助降血脂类保健食品中[16]。

检验方法：BJS 201710，食药监办许〔2010〕114 号。

检测器：DAD，MS（ESI 源）。

光谱图：

质谱图（ESI$^+$）：

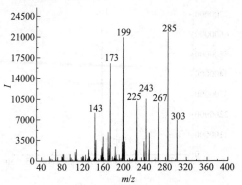

m/z 405＞285（定量离子对），m/z 405＞199。

53. 氯苯那敏马来酸盐

英文名：chlorpheniramine maleate

CAS 号：113-92-8。

结构式、分子式、分子量：

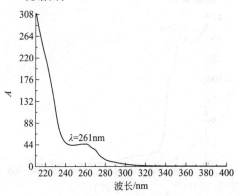

分子式：$C_{20}H_{23}ClN_2O_4$
分子量：390.86

溶解性：易溶于水、乙醇和三氯甲烷，微溶于乙醚[1]。

主要用途：可能非法添加于改善睡眠类保健食品中[21]。

检验方法：BJS 201710，国家食品药品监督管理局药品检验补充检验方法和检验项目批准件 20012004。

检测器：DAD，MS（ESI 源）。

光谱图：

质谱图（ESI$^+$）：

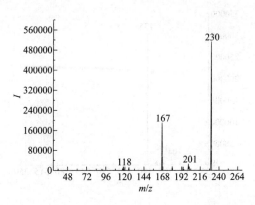

m/z 275＞230（定量离子对），m/z 275＞167。

54. 4-氯苯氧乙酸

英文名：4-chlorophenoxyacetic acid

CAS 号：122-88-3。

结构式、分子式、分子量：

分子式：$C_8H_7ClO_3$
分子量：186.59

溶解性：溶于乙醇、丙酮和苯，微溶于水[1]。

主要用途：可能非法添加于食品中。

检验方法：SN/T 3725。

检测器：DAD，MS（ESI 源）。

光谱图：

质谱图（ESI⁻）：

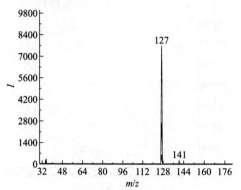

m/z 185＞127（定量离子对），m/z 185＞141。

55. 氯氮卓

英文名：chlordiazepoxide

CAS 号：58-25-3。

结构式、分子式、分子量：

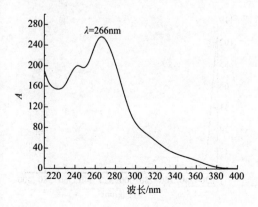

分子式：$C_{16}H_{14}ClN_3O$
分子量：299.75

溶解性：在乙醚、三氯甲烷和二氯甲烷中溶解，微溶于水[1]。

主要用途：可能非法添加于改善睡眠类保健食品中[2]。

检验方法：BJS 201710，国家食品药品监督管理局药品检验补充检验方法和检验项目批准件 2019024。

检测器：DAD，MS（ESI 源，EI 源）。

光谱图：

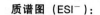

质谱图（ESI⁺）：

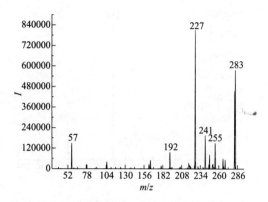

m/z 300＞227（定量离子对），m/z 300＞283。

56. 氯美扎酮

英文名：chlormezanone

CAS 号：80-77-3。

结构式、分子式、分子量：

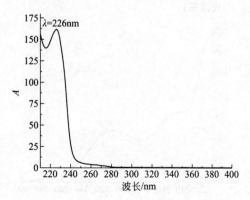

分子式：$C_{11}H_{12}ClNO_3S$
分子量：273.74

溶解性：可溶于甲醇[4]。

主要用途：可能非法添加于改善睡眠类保健食品中[4]。

检验方法：BJS 201710。

检测器：DAD，MS（ESI 源，EI 源）。

光谱图：

质谱图（ESI⁺）：

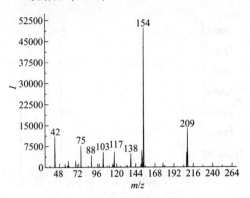

m/z 274＞154（定量离子对），m/z 274＞209。

57. 氯硝西泮

英文名：clonazepam

CAS 号：1622-61-3。

结构式、分子式、分子量：

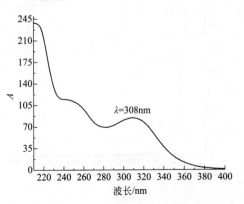

分子式：$C_{15}H_{10}ClN_3O_3$

分子量：315.71

溶解性：略溶于丙酮和三氯甲烷，微溶于甲醇和乙醇，几乎不溶于水[1]。

主要用途：可能非法添加于改善睡眠类保健食品中[2]。

检验方法：BJS 201710，国家食品药品监督管理局药品检验补充检验方法和检验项目批准件 2019024。

检测器：DAD，MS（ESI 源）。

光谱图：

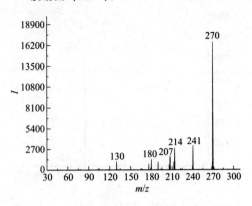

质谱图（ESI⁺）：

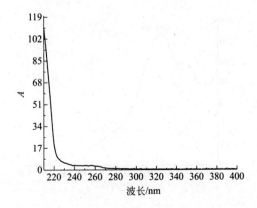

m/z 316＞270（定量离子对），m/z 316＞241。

58. 麻黄碱盐酸盐

英文名：ephedrine hydrochloride

CAS 号：50-98-6。

结构式、分子式、分子量：

分子式：$C_{10}H_{16}ClNO$

分子量：201.69

溶解性：易溶于水，在乙醇中溶解，不溶于三氯甲烷和乙醚[1]。

主要用途：可能非法添加于保健食品中[2]。

检验方法：BJS 201710，国家食品药品监督管理局药品检验补充检验方法和检验项目批准件 2006004。

检测器：DAD，MS（ESI 源）。

光谱图：

质谱图（ESI⁺）：

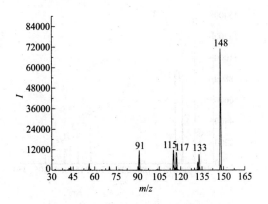

m/z 166＞148（定量离子对），*m/z* 166＞133。

59. 吗啡

英文名：morphine

CAS 号：57-27-2。

结构式、分子式、分子量：

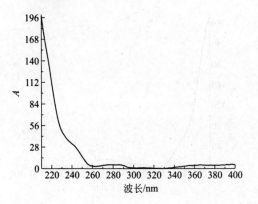

分子式：$C_{17}H_{19}NO_3$
分子量：285.34

溶解性：易溶于水，溶于热乙醇和甘油，不溶于三氯甲烷和乙醚[14]。

主要用途：可能非法添加于食品中[12]。

检验方法：DB31/ 2010。

检测器：DAD，MS（ESI源）。

光谱图：

质谱图（ESI⁺）：

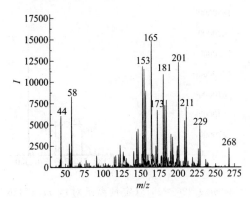

m/z 286＞165（定量离子对），*m/z* 286＞201。

60. 咪达唑仑

英文名：midazolam

CAS 号：59467-64-0。

结构式、分子式、分子量：

分子式：$C_{18}H_{13}ClFN_3$
分子量：325.77

溶解性：易溶于冰乙酸和乙醇，在甲醇中溶解，几乎不溶于水[1]。

主要用途：可能非法添加于改善睡眠类保健食品中[2]。

检验方法：BJS 201710，国家食品药品监督管理局药品检验补充检验方法和检验项目批准件 2019024。

检测器：DAD，MS（ESI源）。

光谱图：

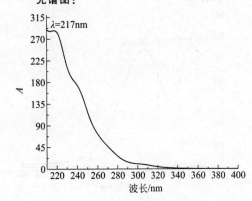

质谱图（ESI⁺）：

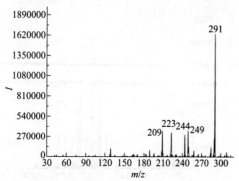

m/z 326＞291（定量离子对），m/z 326
＞249。

61. 那红地那非

英文名：noracetildenafil

CAS 号：949091-38-7。

结构式、分子式、分子量：

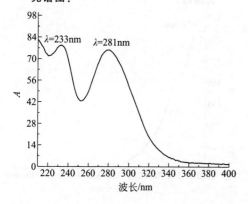

分子式：$C_{24}H_{32}N_6O_3$
分子量：452.55

溶解性：可溶于甲醇和乙腈[4~6]。

主要用途：可能非法添加于抗疲劳、免疫调节类保健食品中[6]。

检验方法：BJS 201601，BJS 201710，国家食品药品监督管理局药品检验补充检验方法和检验项目批准件 2009030。

检测器：DAD，MS（ESI 源）。

光谱图：

λ=233nm　λ=281nm

质谱图（ESI⁺）：

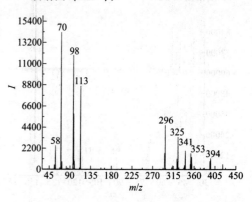

m/z 453＞71（定量离子对），m/z 453
＞98。

62. 那可丁

英文名：noscapine

CAS 号：128-62-1。

结构式、分子式、分子量：

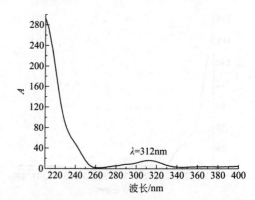

分子式：$C_{22}H_{23}NO_7$
分子量：413.42

溶解性：易溶于三氯甲烷，微溶于乙醇和乙醚，几乎不溶于不[1]。

主要用途：可能非法添加于食品中[12]。

检验方法：DB31/ 2010。

检测器：DAD，MS（ESI 源）。

光谱图：

λ=312nm

质谱图（ESI⁺）：

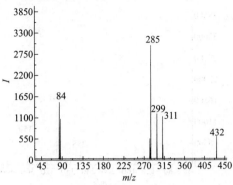

m/z 414＞220（定量离子对），m/z 414 ＞353。

63. 那莫西地那非

英文名：norneosildenafil

CAS 号：371959-09-0。

结构式、分子式、分子量：

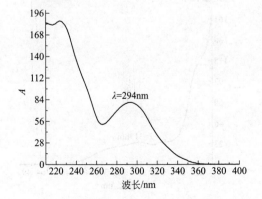

分子式：$C_{22}H_{29}N_5O_4S$

分子量：459.56

溶解性：可溶于甲醇和乙腈[4~6]。

主要用途：可能非法添加于抗疲劳、免疫调节类保健食品中[6]。

检验方法：BJS 201601，BJS 201710，国家食品药品监督管理局药品检验补充检验方法和检验项目批准件 2009030。

检测器：DAD，MS（ESI 源）。

光谱图：

质谱图（ESI⁺）：

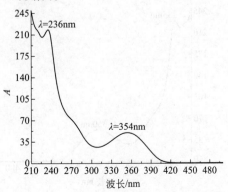

m/z 460＞285（定量离子对），m/z 460 ＞299。

64. 尼莫地平

英文名：nimodipine

CAS 号：66085-59-4。

结构式、分子式、分子量：

分子式：$C_{21}H_{26}N_2O_7$

分子量：418.44

溶解性：易溶于丙酮、三氯甲烷和乙酸乙酯，在乙醇中溶解，微溶于乙醚，几乎不溶于水[1]。

主要用途：可能非法添加于辅助降血压类保健食品中[7]。

检验方法：BJS 201710，国家食品药品监督管理局药品检验补充检验方法和检验项目批准件 2014008。

检测器：DAD，FID，ECD，MS（ESI 源）。

光谱图：

质谱图（ESI⁺）：

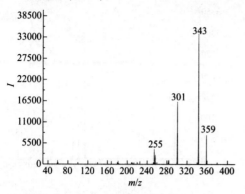

$m/z\ 419 > 343$（定量离子对），$m/z\ 419 > 301$。

质谱图（ESI⁺）：

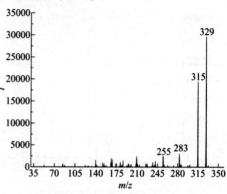

$m/z\ 361 > 329$（定量离子对），$m/z\ 361 > 315$。

65. 尼群地平

英文名：nitrendipine

CAS 号：39562-70-4。

结构式、分子式、分子量：

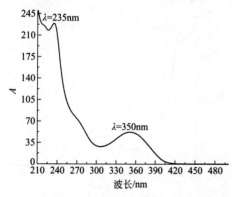

分子式：$C_{18}H_{20}N_2O_6$

分子量：360.36

溶解性：易溶于丙酮、三氯甲烷，略溶于甲醇和乙醇，几乎不溶于水[1]。

主要用途：可能非法添加于辅助降血压类保健食品中[7]。

检验方法：BJS 201710，国家食品药品监督管理局药品检验补充检验方法和检验项目批准件 2014008。

检测器：DAD，FID，ECD，MS（ESI 源）。

光谱图：

66. 尼索地平

英文名：nisoldipine

CAS 号：63675-72-9。

结构式、分子式、分子量：

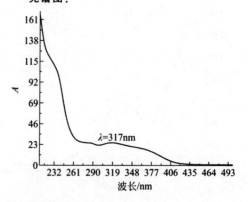

分子式：$C_{20}H_{24}N_2O_6$

分子量：388.41

溶解性：易溶于丙酮、三氯甲烷，略溶于乙醇，几乎不溶于水[1]。

主要用途：可能非法添加于辅助降血压类保健食品中[7]。

检验方法：BJS 201710，国家食品药品监督管理局药品检验补充检验方法和检验项目批准件 2014008。

检测器：DAD，MS（ESI 源）。

光谱图：

质谱图（ESI$^+$）：

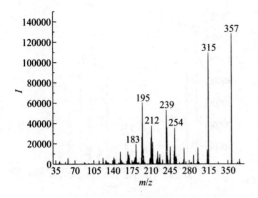

m/z 389＞357（定量离子对），m/z 389
＞315。

67. 哌唑嗪盐酸盐

英文名：prazosin hydrochloride

CAS 号：19237-84-4。

结构式、分子式、分子量：

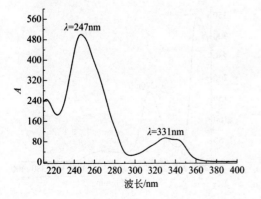

分子式：$C_{19}H_{22}ClN_5O_4$

分子量：419.86

溶解性：微溶于乙醇，几乎不溶于水[1]。

主要用途：可能非法添加于调节血压类保健食品中[3]。

检验方法：BJS 201710，国家食品药品监督管理局药品检验补充检验方法和检验项目批准件 2009032。

检测器：DAD，MS（ESI 源）。

光谱图：

质谱图（ESI$^+$）：

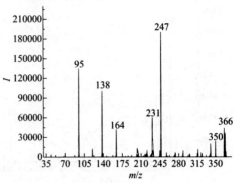

m/z 384＞247（定量离子对），m/z 384
＞95。

68. 羟基豪莫西地那非

英文名：hydroxyhomosildenafil

CAS 号：139755-85-4。

结构式、分子式、分子量：

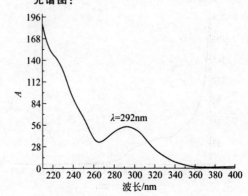

分子式：$C_{23}H_{32}N_6O_5S$

分子量：504.60

溶解性：可溶于甲醇和乙腈[4~6]。

主要用途：可能非法添加于抗疲劳、免疫调节类保健食品中[6]。

检验方法：BJS 201601，BJS 201710，国家食品药品监督管理局药品检验补充检验方法和检验项目批准件 2009030。

检测器：DAD，MS（ESI 源）。

光谱图：

质谱图（ESI+）：

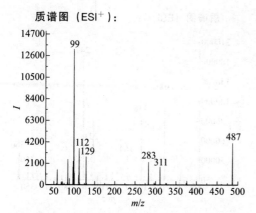

m/z 505＞99（定量离子对），m/z 505＞487。

69. 青藤碱

英文名：sinomenine

CAS 号：115-53-7。

结构式、分子式、分子量：

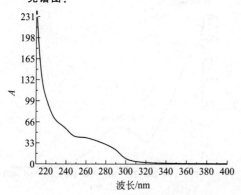

分子式：$C_{19}H_{23}NO_4$
分子量：329.39

溶解性：可溶于甲醇[4,21]。

主要用途：可能非法添加于改善睡眠类保健食品中[20]。

检验方法：BJS 201710，国家食品药品监督管理局药品检验补充检验方法和检验项目批准件 2013002。

检测器：DAD，MS（ESI 源）。

光谱图：

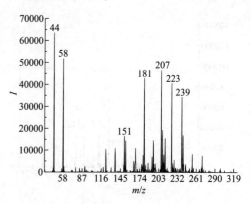

波长/nm

质谱图（ESI+）：

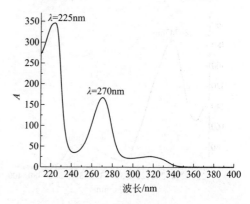

m/z 330＞207（定量离子对），m/z 330＞181。

70. 氢氯噻嗪

英文名：hydrochlorothiazide

CAS 号：58-93-5。

结构式、分子式、分子量：

分子式：$C_7H_8ClN_3O_4S_2$
分子量：297.74

溶解性：在丙酮和氢氧化钠溶液中溶解，微溶于乙醇，不溶于水、三氯甲烷和乙醚[1]。

主要用途：可能非法添加于调节血压类保健食品中[3]。

检验方法：BJS 201710，国家食品药品监督管理局药品检验补充检验方法和检验项目批准件 2009032。

检测器：DAD，MS（ESI 源）。

光谱图：

波长/nm

质谱图（ESI⁻）：

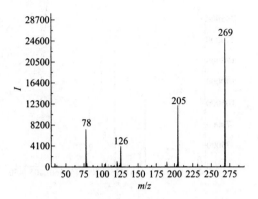

$m/z\ 296 > 269$（定量离子对），$m/z\ 296$ > 205。

质谱图（ESI⁺）：

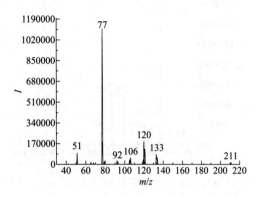

$m/z\ 226 > 77$（定量离子对），$m/z\ 226$ > 120。

71. 溶剂黄 2（二甲基黄）

英文名：solvent yellow 2（dimethyl yellow）

CAS 号：60-11-7。

结构式、分子式、分子量：

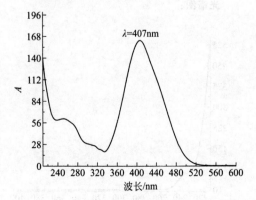

分子式：$C_{14}H_{15}N_3$
分子量：225.29

溶解性：可溶于甲醇[24]。

主要用途：可能非法添加于食品中。

检验方法：SN/T 5074，SZDB/Z 321。

检测器：DAD，MS（ESI 源）。

光谱图：

72. 溶剂黄 56（二乙基黄）

英文名：solvent yellow 56（diethyl yellow）

CAS 号：2481-94-9。

结构式、分子式、分子量：

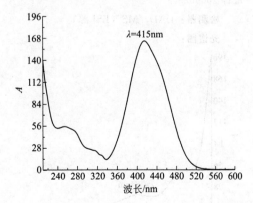

分子式：$C_{16}H_{19}N_3$
分子量：253.34

溶解性：可溶于甲醇[24]。

主要用途：可能非法添加于食品中。

检验方法：SZDB/Z 321。

检测器：DAD，MS（ESI 源）。

光谱图：

质谱图（ESI⁺）：

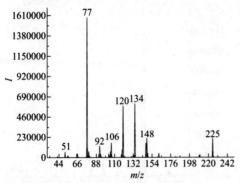

m/z 254＞77（定量离子对），m/z 254＞134。

73. 瑞格列奈

英文名：repaglinide

CAS 号：135062-02-1。

结构式、分子式、分子量：

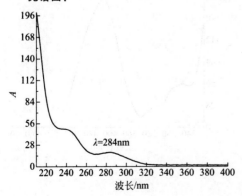

分子式：$C_{27}H_{36}N_2O_4$
分子量：452.59

溶解性：易溶于三氯甲烷，略溶于乙醇和丙酮，几乎不溶于水[1]。

主要用途：可能非法添加于调节血糖类保健品中[8]。

检验方法：BJS 201710，国家食品药品监督管理局药品检验补充检验方法和检验项目批准件 2009029。

检测器：DAD，MS（ESI 源）。

光谱图：

质谱图（ESI⁺）：

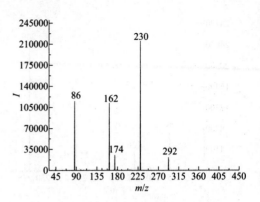

m/z 453＞230（定量离子对），m/z 453＞162。

74. 三聚氰胺

英文名：melamine

CAS 号：108-78-1。

结构式、分子式、分子量：

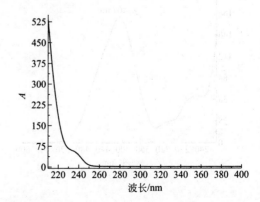

分子式：$C_3H_6N_6$
分子量：126.12

溶解性：溶于热水，微溶于冷水，极微溶于热乙醇，不溶于乙醚，四氯化碳和苯[19]。

主要用途：可能非法添加于食品中[15]。

检验方法：GB 29704，GB/T 22388，GB/T 22400。

检测器：DAD，MS（ESI 源）。

光谱图：

质谱图（ESI⁺）：

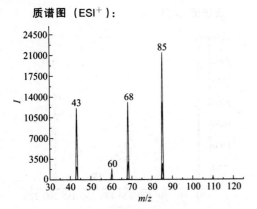

$m/z\ 127>85$（定量离子对），$m/z\ 127>68$。

75. 三唑仑

英文名：triazolam

CAS 号：28911-01-5。

结构式、分子式、分子量：

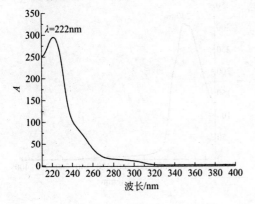

分子式：$C_{17}H_{12}Cl_2N_4$

分子量：343.21

溶解性： 易溶于冰乙酸和三氯甲烷，略溶于甲醇，微溶于乙醇和丙酮，几乎不溶于水[1]。

主要用途： 可能非法添加于改善睡眠类保健食品中[2]。

检验方法： BJS 201710，国家食品药品监督管理局药品检验补充检验方法和检验项目批准件 2019024。

检测器： DAD，ECD，MS（ESI 源，EI 源）。

光谱图：

质谱图（ESI⁺）：

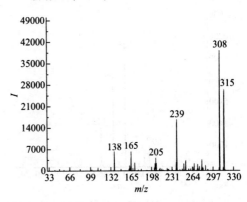

$m/z\ 343>308$（定量离子对），$m/z\ 343>315$。

76. N,N-双去甲基西布曲明盐酸盐

英文名：N,N-didesmethylsibutramine hydrochloride

CAS 号：84484-78-6。

结构式、分子式、分子量：

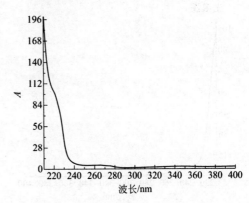

分子式：$C_{15}H_{23}Cl_2N$

分子量：288.26

溶解性： 可溶于甲醇[4,11]。

主要用途： 可能非法添加于减肥类保健食品中[11]。

检验方法： BJS 201710，国家食品药品监督管理局药品检验补充检验方法和检验项目批准件 2012005。

检测器： DAD，MS（ESI 源）。

光谱图：

质谱图（ESI$^+$）：

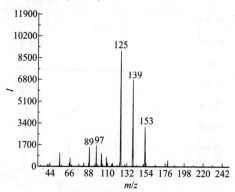

m/z 252＞125（定量离子对），m/z 252 ＞139。

77. 司可巴比妥钠

英文名：secobarbital sodium

CAS 号：309-43-3。

结构式、分子式、分子量：

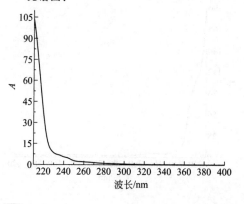

分子式：$C_{12}H_{17}N_2NaO_3$
分子量：260.26

溶解性：极易溶于水，在乙醇中溶解，不溶于乙醚[1]。

主要用途：可能非法添加于改善睡眠类保健食品中[2]。

检验方法：BJS 201710，国家食品药品监督管理局药品检验补充检验方法和检验项目批准件 2019024。

检测器：DAD，MS（ESI 源）。

光谱图：

质谱图（ESI$^-$）：

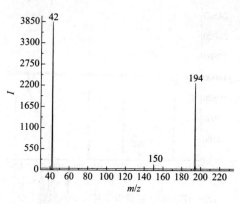

m/z 237＞42（定量离子对），m/z 237 ＞194。

78. 松香酸

英文名：abietic acid

CAS 号：514-10-3。

结构式、分子式、分子量：

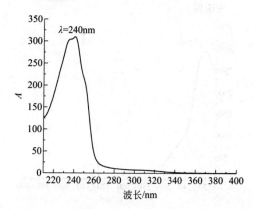

分子式：$C_{20}H_{30}O_2$
分子量：302.45

溶解性：易溶于甲醇、乙腈、乙醚等有机试剂。

主要用途：可能非法添加于食品中[15]。

检验方法：暂无色谱和质谱的食品检测标准方法。

检测器：DAD，MS（ESI 源）。

光谱图：

质谱图（ESI$^+$）：

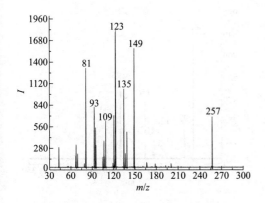

质谱图（ESI$^+$）：

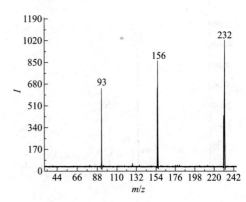

m/z 303＞123（定量离子对），m/z 303＞149。

m/z 249＞232（定量离子对），m/z 249＞156。

79. 苏丹红Ⅰ号

英文名：sudan Ⅰ

CAS 号：842-07-9。

结构式、分子式、分子量：

分子式：$C_{16}H_{12}N_2O$

分子量：248.28

溶解性：溶于乙醚、苯、二硫化碳和浓硫酸，不溶于水和碱溶液[19]。

主要用途：可能非法添加于食品中[15]。

检验方法：GB/T 19681。

检测器：DAD，MS（ESI 源，EI 源）。

光谱图：

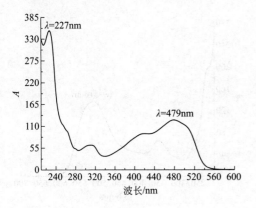

80. 苏丹红Ⅱ号

英文名：sudan Ⅱ

CAS 号：3118-97-6。

结构式、分子式、分子量：

分子式：$C_{18}H_{16}N_2O$

分子量：276.33

溶解性：溶于乙醚、挥发油、苯、浓硫酸、脂肪和油，微溶于乙醇，不溶于水、碱和弱酸溶液[19]。

主要用途：可能非法添加于食品中[15]。

检验方法：GB/T 19681。

检测器：DAD，MS（ESI 源，EI 源）。

光谱图：

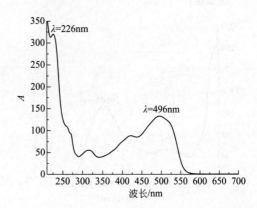

质谱图（ESI⁺）：

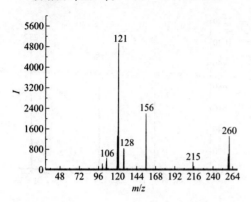

质谱图（ESI⁺）：

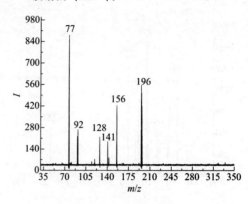

m/z 277＞121（定量离子对），m/z 277＞156。

m/z 353＞77（定量离子对），m/z 353＞196。

81. 苏丹红Ⅲ号

英文名：sudan Ⅲ

CAS 号：85-86-9。

结构式、分子式、分子量：

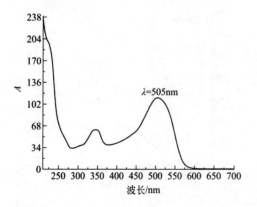

分子式：$C_{22}H_{16}N_4O$
分子量：352.39

溶解性：易溶于苯，溶于三氯甲烷、冰乙酸、乙醚、乙醇、丙酮、石油醚、不挥发油、热甘油和挥发油，不溶于水[19]。

主要用途：可能非法添加于食品中[15]。

检验方法：GB/T 19681。

检测器：DAD，MS（ESI 源，EI 源）。

光谱图：

波长/nm

82. 苏丹红Ⅳ号

英文名：sudan Ⅳ

CAS 号：85-83-6。

结构式、分子式、分子量：

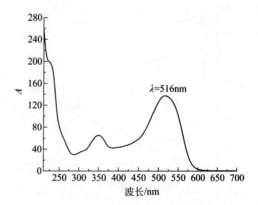

分子式：$C_{24}H_{20}N_4O$
分子量：380.44

溶解性：易溶于苯，溶于三氯甲烷、冰乙酸、乙醚、乙醇、丙酮、石油醚、不挥发油、热甘油和挥发油，不溶于水[19]。

主要用途：可能非法添加于食品中[15]。

检验方法：GB/T 19681。

检测器：DAD，MS（ESI 源，EI 源）。

光谱图：

波长/nm

质谱图（ESI+）：

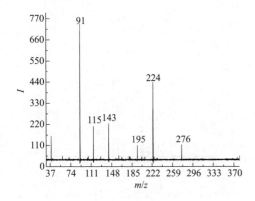

m/z 381＞91（定量离子对），m/z 381＞224。

83. 酸性橙 II 号

英文名：acid orange II

CAS 号：633-96-5。

结构式、分子式、分子量：

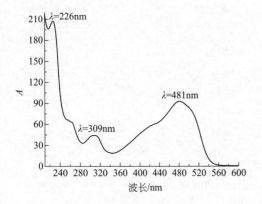

分子式：$C_{16}H_{11}N_2NaO_4S$

分子量：350.32

溶解性：能溶于水和乙醇[14]。

主要用途：可能非法添加于食品中[15]。

检验方法：SN/T 3536，SN/T 3536.2，DBS52/006。

检测器：DAD，MS（ESI 源）。

光谱图：

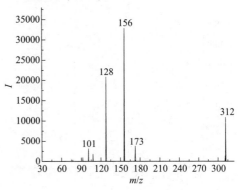

质谱图（ESI+）：

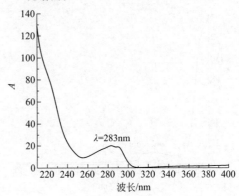

m/z 329＞156（定量离子对），m/z 329＞128。

84. 他达那非

英文名：tadalafil

CAS 号：171596-29-5。

结构式、分子式、分子量：

分子式：$C_{22}H_{19}N_3O_4$

分子量：389.40

溶解性：可溶于甲醇和乙腈[4~6]。

主要用途：可能非法添加于抗疲劳、免疫调节类保健食品中[6]。

检验方法：BJS 201601，BJS 201710，国家食品药品监督管理局药品检验补充检验方法和检验项目批准件 2009030。

检测器：DAD，MS（ESI 源）。

光谱图：

质谱图（ESI$^+$）：

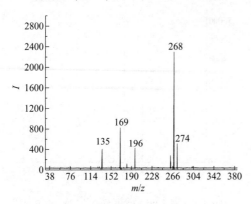

m/z 390>268（定量离子对），m/z 390 >169。

85. 脱氢松香酸

英文名：dehydroabietic acid

CAS 号：1740-19-8。

结构式、分子式、分子量：

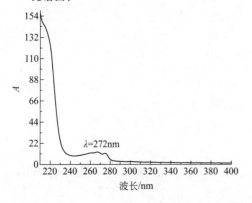

分子式：$C_{20}H_{28}O_2$
分子量：300.44

溶解性：可溶于甲醇、乙醇和乙腈等有机试剂。

主要用途：可能非法添加于食品中[15]。

检验方法：暂无色谱和质谱的食品检测标准方法。

检测器：DAD，MS（ESI 源）。

光谱图：

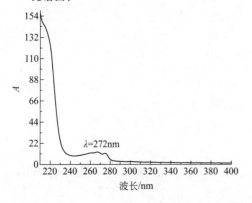

质谱图（ESI$^+$）：

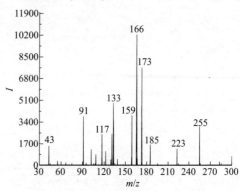

m/z 301>166（定量离子对），m/z 301>173。

86. 伪伐地那非

英文名：pseudovardenafil

CAS 号：224788-34-5。

结构式、分子式、分子量：

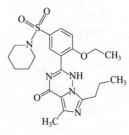

分子式：$C_{22}H_{29}N_5O_4S$
分子量：459.56

溶解性：可溶于甲醇和乙腈[4~6]。

主要用途：可能非法添加于抗疲劳、免疫调节类保健食品中[6]。

检验方法：BJS 201601，BJS 201710，国家食品药品监督管理局药品检验补充检验方法和检验项目批准件 2009030。

检测器：DAD，MS（ESI 源）。

光谱图：

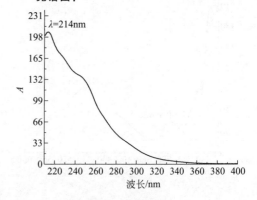

质谱图（ESI$^+$）：

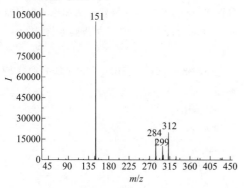

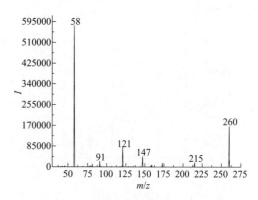

m/z 460＞151（定量离子对），m/z 460＞312。

m/z 278＞58（定量离子对），m/z 278＞260。

87. 文拉法辛盐酸盐

英文名：venlafaxine hydrochloride

CAS 号：99300-78-4。

结构式、分子式、分子量：

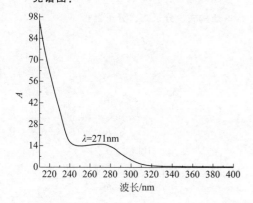

分子式：$C_{17}H_{28}ClNO_2$
分子量：313.86

溶解性：易溶于水和稀盐酸溶液，在乙醇中溶解，几乎不溶于乙醚[1]。

主要用途：可能非法添加于改善睡眠类保健食品中[20]。

检验方法：BJS 201710，国家食品药品监督管理局药品检验补充检验方法和检验项目批准件 2013002。

检测器：DAD，MS（ESI 源）。

光谱图：

88. 乌洛托品

英文名：hexamethylenetetramine

CAS 号：100-97-0。

结构式、分子式、分子量：

分子式：$C_6H_{12}N_4$
分子量：140.19

溶解性：微溶于水和甲醇，易溶于冰乙酸，在 0.1mol/L 盐酸溶液和 0.1mol/L 氢氧化钠溶液中溶解[1]。

主要用途：可能非法添加于食品中[15]。

检验方法：SN/T 2226。

检测器：DAD，FID，MS（ESI 源）。

光谱图：

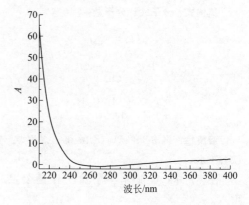

质谱图（ESI⁺）：

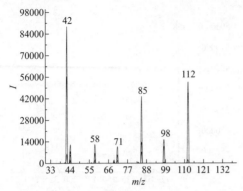

m/z 141＞42（定量离子对），m/z 141＞112。

多反应监测图：

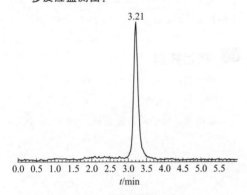

色谱柱：Inspire HILIC（100mm×2.1mm，3μm）；柱温：35℃；进样量：10μL；流速：0.5mL/min；流动相：0.1％乙酸溶液-乙腈（40∶60，体积比）；

电离模式：ESI，正离子扫描；扫描模式：多反应监测（MRM）；化合物 MRM 参数略。

89. 西布曲明盐酸盐

英文名：sibutramine hydrochloride

CAS 号：84485-00-7。

结构式、分子式、分子量：

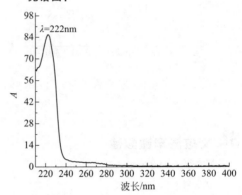

分子式：$C_{17}H_{27}Cl_2N$
分子量：316.31

溶解性：可溶于甲醇、乙醇和三氯甲烷，微溶于水[1]。

主要用途：可能非法添加于保健食品中[2]。

检验方法：BJS 201710，国家食品药品监督管理局药品检验补充检验方法和检验项目批准件 2006004、2012005，食药监办许［2010］114 号。

检测器：DAD，FID，MS（ESI 源，EI 源）。

光谱图：

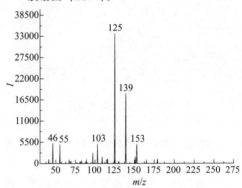

质谱图（ESI⁺）：

m/z 280＞125（定量离子对），m/z 280＞139。

90. 西地那非

英文名：sildenafil

CAS 号：139755-83-2。

结构式、分子式、分子量：

分子式：$C_{22}H_{30}N_6O_4S$
分子量：474.58

溶解性：可溶于甲醇和乙腈[4~6]。

主要用途：可能非法添加于抗疲劳、免疫调节类保健食品中[6]。

检验方法：BJS 201601，BJS 201710，国家食品药品监督管理局药品检验补充检验方法和检验项目批准件 2009030。

检测器：DAD，MS（ESI 源）。

光谱图：

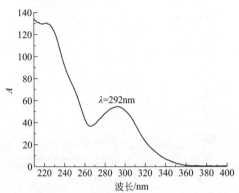

质谱图（ESI⁺）：

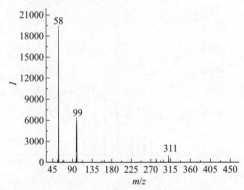

m/z 475＞58（定量离子对），m/z 475＞99。

91. 硝苯地平

英文名：nifedipine

CAS 号：21829-25-4。

结构式、分子式、分子量：

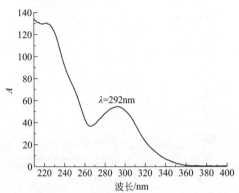

分子式：$C_{17}H_{18}N_2O_6$
分子量：346.33

溶解性：易溶于丙酮、三氯甲烷，略溶于乙醇，几乎不溶于水[1]。

主要用途：可能非法添加于辅助降血压类保健食品中[7]。

检验方法：BJS 201710，国家食品药品监督管理局药品检验补充检验方法和检验项目批准件 2014008。

检测器：DAD，MS（ESI 源）。

光谱图：

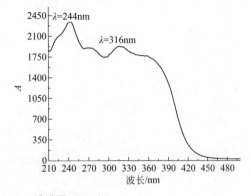

质谱图（ESI⁺）：

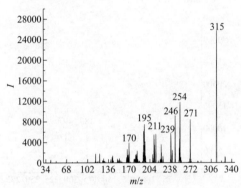

m/z 347＞315（定量离子对），m/z 347＞254。

92. 硝西泮

英文名：nitrazepam

CAS 号：146-22-5。

结构式、分子式、分子量：

分子式：$C_{15}H_{11}N_3O_3$
分子量：281.27

溶解性：略溶于三氯甲烷，微溶于乙醇和乙醚，几乎不溶于水[1]。

主要用途：可能非法添加于改善睡眠类保健食品中[2]。

检验方法：BJS 201710，国家食品药品监督管理局药品检验补充检验方法和检验项目批准件 2009024。

检测器：DAD，MS（ESI 源）。

光谱图：

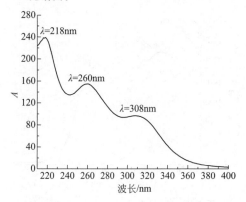

质谱图（ESI+）：

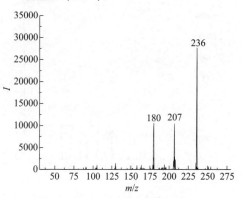

m/z 282＞236（定量离子对），m/z 282＞207。

93. 辛伐他丁

英文名：simvastatin

CAS 号：79902-63-9。

结构式、分子式、分子量：

分子式：$C_{25}H_{38}O_5$
分子量：418.57

溶解性：易溶于乙腈、乙醇和甲醇，不溶于水[1]。

主要用途：可能非法添加于辅助降血脂类保健食品中[16]。

检验方法：BJS 201710，食药监办许〔2010〕114 号。

检测器：DAD，MS（ESI 源）。

光谱图：

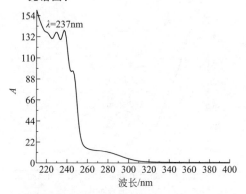

质谱图（ESI+）：

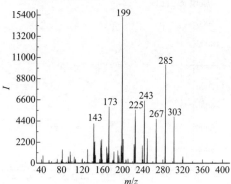

m/z 419＞199（定量离子对），m/z 419＞285。

94. 异戊巴比妥

英文名：amobarbital

CAS 号：57-43-2。

结构式、分子式、分子量：

分子式：$C_{11}H_{18}N_2O_3$
分子量：226.27

溶解性：易溶于乙醇和乙醚，在三氯甲烷、氢氧化钠和碳酸钠中溶解，极微溶于水[1]。

主要用途：可能非法添加于改善睡眠类保健食品中[2]。

检验方法：BJS 201710，国家食品药品监督管理局药品检验补充检验方法和检验项目批准件 2019024。

检测器：DAD，MS（ESI 源）。

光谱图：

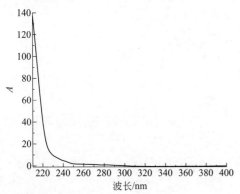

质谱图（ESI⁻）：

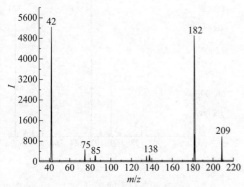

m/z 225＞42（定量离子对），m/z 225＞182。

95. 隐色结晶紫

英文名：leucocrystal violet

CAS 号：603-48-5。

结构式、分子式、分子量：

分子式：$C_{25}H_{31}N_3$
分子量：373.53

溶解性：可溶于乙腈[18]。

主要用途：可能非法添加于食品中的结晶紫的代谢物。

检验方法：GB/T 19857，GB/T 20361。

检测器：DAD，FLD，MS（ESI 源）。

光谱图：

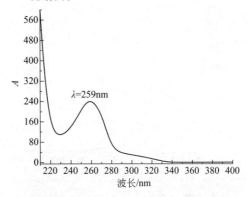

质谱图（ESI⁺）：

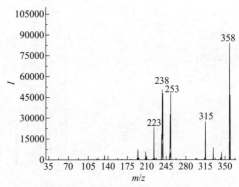

m/z 374＞358（定量离子对），m/z 374＞238。

96. 隐色孔雀石绿

英文名：leucomalachite green

CAS 号：129-73-7。

结构式、分子式、分子量：

分子式：$C_{23}H_{26}N_2$
分子量：330.47

溶解性：易溶于苯、甲苯、乙醚，溶于乙醇，微溶于石油醚，不溶于水[19]。

主要用途：可能非法添加于食品中的孔雀石绿的代谢物。

检验方法：GB/T 19857，GB/T 20361。

检测器：DAD，FLD，MS（ESI 源）。

光谱图：

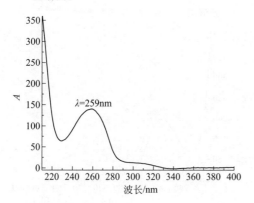

质谱图（ESI+）：

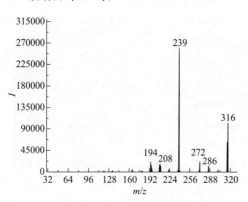

m/z 331＞239（定量离子对），m/z 331＞316。

97. 罂粟碱

英文名：papaverine

CAS 号：58-74-2。

结构式、分子式、分子量：

分子式：$C_{20}H_{21}NO_4$
分子量：339.39

溶解性：略溶于水，溶于乙醇和三氯甲烷，不溶于乙醚[14]。

主要用途：可能非法添加于食品中。

检验方法：DB31/ 2010。

检测器：DAD，MS（ESI 源）。

光谱图：

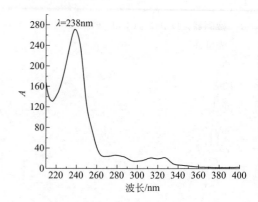

质谱图（ESI+）：

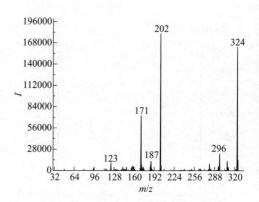

m/z 340＞202（定量离子对），m/z 340＞324。

98. 扎来普隆

英文名：zaleplon

CAS 号：151319-34-5。

结构式、分子式、分子量：

分子式：$C_{17}H_{15}N_5O$
分子量：305.33

溶解性：可溶于甲醇[4,22]。

主要用途：可能非法添加于改善睡眠类保健食品中[21]。

检验方法：BJS 201710，国家食品药品监督管理局药品检验补充检验方法和检验项目批准件 20012004。

检测器：DAD，NPD，MS（ESI 源，EI 源）。

光谱图：

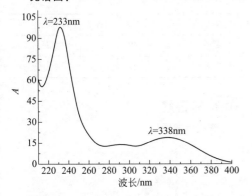

质谱图（ESI⁺）：

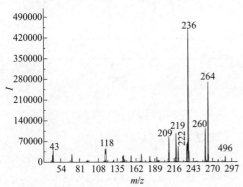

m/z 306＞236（定量离子对），m/z 306＞264。

99. 佐匹克隆

英文名：zopiclone

CAS 号：43200-80-2。

结构式、分子式、分子量：

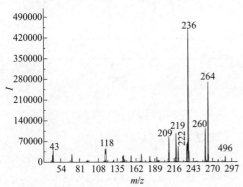

分子式：$C_{17}H_{17}ClN_6O_3$

分子量：388.81

溶解性：易溶于二氯乙烷，略溶于甲醇和 N,N-二甲基甲酰胺，微溶于乙醇和稀盐酸溶液，几乎不溶于水[1]。

主要用途：可能非法添加于改善睡眠类保健食品中[21]。

检验方法：BJS 201710，国家食品药品监督管理局药品检验补充检验方法和检验项目批准件 20012004。

检测器：DAD，NPD，FID，MS（ESI 源，NCI 源）。

光谱图：

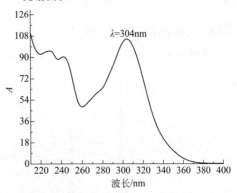

质谱图（ESI⁺）：

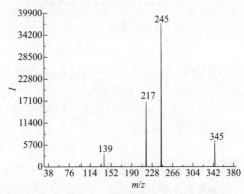

m/z 389＞245（定量离子对），m/z 389＞217。

100. 调节血压类化合物

液相色谱图：

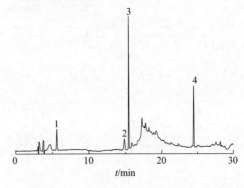

1—阿替洛尔；2—卡托普利；3—哌唑嗪；4—硝苯地平

色谱柱：ZORBAX SB-C18（250mm × 4.6mm，5μm）；柱温：40℃；检测波长：220nm；进样量：10μL；流速：1.0mL/min；流动相：A—0.2%磷酸溶液；B—乙腈；梯度洗脱。

时间/min	0	5	25	25.1	30
A/%	10	10	70	10	10
B/%	90	90	30	90	90

101. 二甲基黄和二乙基黄

液相色谱图：

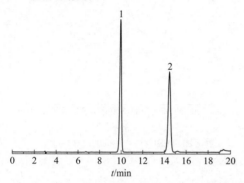

1—二甲基黄；2—二乙基黄

色谱柱：TC-C18（250mm × 4.6mm，5μm）；柱温：30℃；检测波长：410nm；进样量：10μL；流速：1.0mL/min；流动相：水-甲醇（20：80，体积比）。

102. 孔雀石绿和结晶紫

液相色谱图：

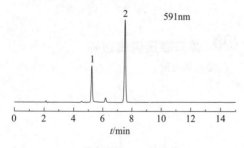

1—孔雀石绿；2—结晶紫

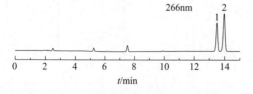

1—隐色孔雀石绿；2—隐色结晶紫

色谱柱：Platisil ODS（250mm x 4.6mm，5μm）；柱温：30℃；检测波长：591nm 和 266nm；进样量：20μL；流速：1.0mL/min；流动相：A—乙腈；B—0.05mol/L 乙酸铵溶液（冰乙酸调 pH 至 4.5）；梯度洗脱。

时间/min	0	5.5	11.0	11.01	20
A/%	72	92	92	72	72
B/%	28	8	8	28	28

103. 苏丹红

液相色谱图：

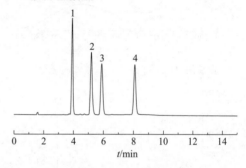

1—苏丹红Ⅰ号；2—苏丹红Ⅱ号；
3—苏丹红Ⅲ号；4—苏丹红Ⅳ号

色谱柱：Diamonsil C8（2）（150mm × 4.6mm，5μm）；柱温：30℃；检测波长：478nm；进样量：20μL；流速：1.0mL/min；流动相：A—乙腈，B—水；梯度洗脱。

时间/min	0	5	5.01	15
A/%	85	90	85	85
B/%	15	10	15	15

104. 改善睡眠类药物

液相色谱图：

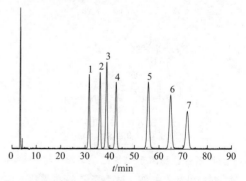

1—硝西泮；2—劳拉西泮；3—艾司唑仑；4—氯硝西泮；5—阿普唑仑；6—三唑仑；7—地西泮

色谱柱：Ultimate LP-C8（250mm×4.6mm，5μm）；柱温：40℃；检测波长：220nm；进样量：20μL；流速：1.0mL/min；流动相：0.01mol/L磷酸二氢钾-乙腈（72∶28，体积比）。

105. 调节血糖类药物

液相色谱图：

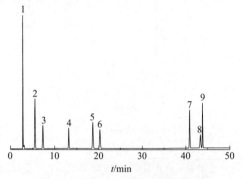

t/min

1—盐酸二甲双胍；2—盐酸苯乙双胍；
3—马来酸罗格列酮；4—盐酸吡格列酮；
5—格列吡嗪；6—格列齐特；7—格列美脲；
8—瑞格列奈；9—格列喹酮

色谱柱：ZORBAX SB-C18（250mm×4.6mm，5μm）；柱温：35℃；检测波长：235nm；进样量：10μL；流速：1.0mL/min；流动相：A—0.05mol/L 磷酸二氢钾（含0.1%磷酸）；B—甲醇；梯度洗脱。

时间/min	0	3	10	30	40	50	50.1	55
A/%	40	40	60	60	80	80	40	40
B/%	60	60	40	40	20	20	60	60

106. 孔雀石绿和结晶紫

多反应监测图：

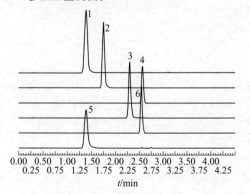

t/min

1—孔雀石绿；2—结晶紫；3—隐色结晶紫；
4—隐色孔雀石绿；5—孔雀石绿-D5；
6—隐色孔雀石绿-D6

色谱柱：Shim-pack GISTC18（50mm×2.1mm，2μm）；柱温：40℃；进样量：5μL；流速：0.4mL/min；流动相：A—含0.1%甲酸的5mmol/L乙酸铵溶液，B—含0.1%甲酸的乙腈；梯度洗脱。

时间/min	0	2.5	3.2	3.21	4.5
A/%	60	60	0	60	60
B/%	40	40	100	40	40

电离模式：ESI，正离子扫描；扫描模式：多反应监测（MRM）；化合物MRM参数略。

107. 邻苯二甲酸酯类化合物的总离子流图（非法添加物）

总离子流图：

色谱柱：DM-5MS（30m×0.25mm×0.25μm）；升温程序：初始温度60℃，保持1min，以20℃/min升温至220℃，保持1min，再以5℃/min升温至300℃，保持20min；载气：氦气；流速：1mL/min；进样口温度：280℃；进样量：1μL；进样方式：不分流进样；电离模式：电子轰击电离源（EI）；离子源温度：230℃；接口温度：280℃；溶剂延迟：5min；数据采集模式：选择离子监测模式（SIM）。

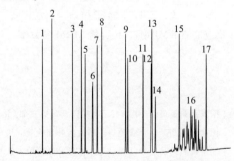

t/min

1—邻苯二甲酸二甲酯；2—邻苯二甲酸二乙酯；
3—邻苯二甲酸二异丁酯；4—邻苯二甲酸二正丁酯；
5—邻苯二甲酸二（2-甲氧基）乙酯；
6—邻苯二甲酸二（4-甲基-2-戊基）酯；
7—邻苯二甲酸二（2-乙氧基）乙酯；
8—邻苯二甲酸二戊酯；9—邻苯二甲酸二己酯；
10—邻苯二甲酸丁基苄基酯；11—邻苯二甲酸二（2-丁氧基）乙酯；12—邻苯二甲酸二环己酯；
13—邻苯二甲酸二（2-乙基）己酯；
14—邻苯二甲酸二戊酯；15—邻苯二甲酸二正辛酯；
16—邻苯二甲酸二异壬酯；17—邻苯二甲酸二壬酯

108. 那非类化合物

多反应监测图:

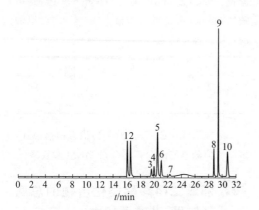

1—那红地那非；2—红地那非；3—氨基他达拉非；
4—伐地那非；5—西地那非；6—豪莫西地那非；
7—他达拉非；8—硫代艾地那非；9—伪伐地那非；
10—那莫西地那非

色谱柱：ZORBAX SB-C18（150mm × 2.1mm，5μm）；柱温：30℃；进样量：10μL；流速：0.2mL/min；流动相：A—含 0.1% 甲酸的 0.02mol/L 甲酸铵，B—乙腈；梯度洗脱。

时间/min	0	25	27	30	35
A/%	65	65	30	95	95
B/%	35	35	70	5	5

电离模式：ESI，正离子扫描；扫描模式：多反应监测（MRM）；化合物 MRM 参数略。

109. 罂粟成分

多反应监测图:

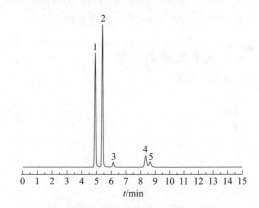

1—那可丁；2—罂粟碱；3—蒂巴因；
4—可待因；5—吗啡

色谱柱：ZORBAX HILIC Plus（100mm× 2.1mm，3.5μm）；柱温：40℃；进样量：2μL；流速：0.4mL/min；流动相：A—含 0.1% 甲酸的 0.01mol/L 甲酸铵溶液，B—含 0.1% 甲酸的乙腈；梯度洗脱。

时间/min	0	0.5	1	12	13	20
A/%	10	10	20	20	10	10
B/%	90	90	80	80	90	90

电离模式：ESI，正离子扫描；扫描模式：多反应监测（MRM）；化合物 MRM 参数略。

参考文献

[1] 国家药典委员会. 中华人民共和国药典第二部. 北京：中国医药科技出版社，2015.

[2] 国家食品药品监督管理局药品检验补充检验方法和检验项目批准件 2009024.

[3] 国家食品药品监督管理局药品检验补充检验方法和检验项目批准件 2009032.

[4] BJS 201710 保健食品中 75 种非法添加化学药物的检测.

[5] BJS 201601 食品中那非类物质的测定.

[6] 国家食品药品监督管理局药品检验补充检验方法和检验项目批准件 2009030.

[7] 国家食品药品监督管理局药品检验补充检验方法和检验项目批准件 2014008.

[8] 国家食品药品监督管理局药品检验补充检验方法和检验项目批准件 2009029.

[9] 马双成，张才煜. 化学药品对照品图谱集-质谱. 北京：中国医药科技出版社，2014.

[10] 朱永和等. 农药大典. 北京：中国三峡出版社，2006.

[11] 国家食品药品监督管理局药品检验补充检验方法和检验项目批准件 2012005.

[12] DB31/ 2010—2012 食品安全地方标准 火锅食品中罂粟碱、吗啡、那可丁、可待因和蒂巴因的测定 液相色谱-串联质谱法.

[13] 国家食品药品监督管理局药品检验补充检验方法和检验项目批准件 2011008.

［14］王箴. 化工辞典. 北京：化学工业出版社,2000.

［15］中华人民共和国卫生部. 食品中可能违法添加的非食用物质和易滥用的食品添加剂名单（第 1～5 批汇总和第 6 批）.

［16］食药监办许［2010］114 号 关于印发保健食品安全风险监测有关检测目录和检测方法的通知.

［17］国家食品药品监督管理局药品检验补充检验方法和检验项目批准件 2013001.

［18］GB/T 19857—2005 水产品中孔雀石绿和结晶紫残留量的测定

［19］李云章,周嘉勋,方厚堃,等. 试剂手册. 第三版. 上海：上海科学技术出版社. 2011.

［20］国家食品药品监督管理局药品检验补充检验方法和检验项目批准件 2013002.

［21］国家食品药品监督管理局药品检验补充检验方法和检验项目批准件 2012004.

［22］GB 5009.271—2016 食品安全国家标准 食品中邻苯二甲酸酯的测定.

［23］LS/T 6131—2018 粮油检验 植物油中邻苯二甲酸酯类化合物的测定.

［24］SZDB/Z 321—2018 食品中二甲基黄和二乙基黄的测定 高效液相色谱法.

其他

1. 白藜芦醇

英文名：resveratrol

CAS 号：501-36-0。

结构式、分子式、分子量：

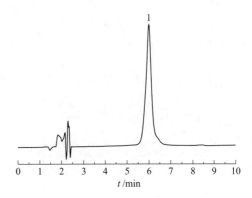

分子式：C$_{14}$H$_{12}$O$_3$
分子量：228.24328

溶解性：易溶于有机试剂，不溶于水。

主要用途：可能存在于部分食品中。

检验方法：GB/T 15038。

检测器：DAD，MS（ESI 源）。

光谱图：

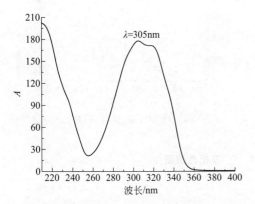

质谱图（ESI$^-$）：

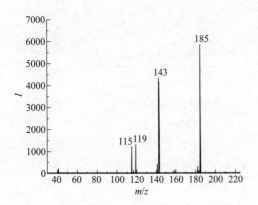

m/z 227＞185（定量离子对），m/z 227＞143。

液相色谱图：

色谱柱：TC-C18（250mm × 4.6mm，5μm）；柱温：35℃；检测波长：306nm；进样量：10 μL；流速：1.0mL/min；流动相：水-乙腈（70：30，体积比）。

2. 斑蝥黄

英文名：canthaxanthin

CAS 号：514-78-3。

结构式、分子式、分子量：

分子式：C$_{40}$H$_{52}$O$_2$
分子量：564.84

溶解性：溶于三氯甲烷和油类，几乎不溶于乙醇[1]。

主要用途：可能存在于部分食品中。

检验方法：GB/T 22958，SN/T 2327。

检测器：DAD，MS（ESI 源）。

光谱图：

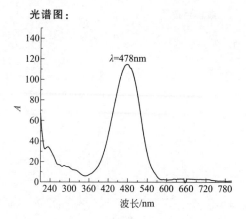

质谱图（ESI⁺）：

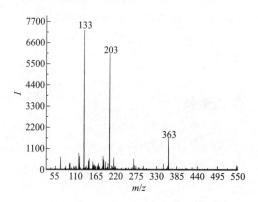

m/z 565＞133（定量离子对），m/z 565＞203。

3. 苯并［α］芘

英文名：benzoapyrene

CAS 号：50-32-8。

结构式、分子式、分子量：

分子式：$C_{20}H_{12}$
分子量：252.31

溶解性：溶于苯、甲苯和二甲苯，微溶于乙醇和甲醇，几乎不溶于水[1]。

主要用途：可能存在于部分食品中。

检验方法：GB 5009.27。

检测器：DAD，FLD，MS（ESI 源，APCI 源，EI 源）。

光谱图：

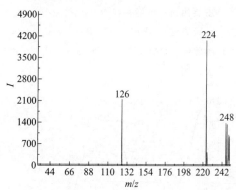

质谱图（ESI⁺）：

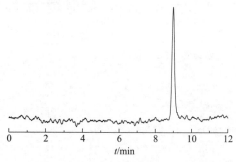

m/z 253＞224（定量离子对），m/z 253＞126。

液相色谱图：

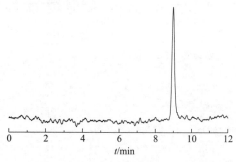

色谱柱：Diamonsil C18（2）（250mm × 4.6mm，5μm）；柱温：30℃；激发波长：384nm；发射波长：406nm；进样量：10μL；流速：1.0mL/min；流动相：乙腈-水（97：3，体积比）。

4. β-苯乙醇

英文名：β-phenylethyl alcohol

CAS 号：60-12-8。

结构式、分子式、分子量：

分子式：$C_8H_{10}O$

分子量：122.16

溶解性：能乙醇和乙醚混溶，2mL 本品能溶于 100mL 水中[1]。

主要用途：可能存在于部分食品中。

检验方法：GB/T 10345。

检测器：DAD，FID，MS（ESI 源，EI 源）。

光谱图：

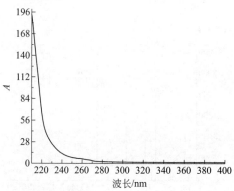

质谱图（ESI⁺）：

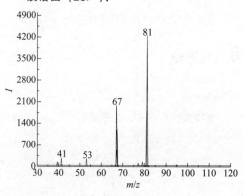

$m/z\ 123 > 81$（定量离子对），$m/z\ 123 > 67$。

5. 草酸

英文名：oxalic acid

CAS 号：144-62-7。

结构式、分子式、分子量：

分子式：$C_2H_2O_4$

分子量：90.03

溶解性：1g 本品溶于 7mL 水、2mL 沸水、2.5mL 乙醇、1.8mL 沸乙醇、100mL 乙醚、5.5mL 甘油，不溶于苯、三氯甲烷和石油醚[1]。

主要用途：可能存在于部分食品中。

检验方法：暂无色谱和质谱的食品检测标准方法。

检测器：DAD，MS（ESI 源）。

光谱图：

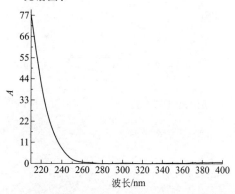

质谱图（ESI⁻）：

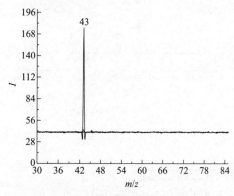

$m/z\ 89 > 43$（定量离子对）。

6. N-二甲基亚硝胺

英文名：*N*-nitrosodimethylamine

CAS 号：62-75-9。

结构式、分子式、分子量：

分子式：$C_2H_6N_2O$

分子量：74.08

溶解性：易溶于水、乙醇和乙醚[1]。

主要用途：可能存在于部分食品中。

检验方法：GB 5009.26。

检测器：DAD，FID，NPD，MS（ESI源，APCI源，EI源）。

光谱图：

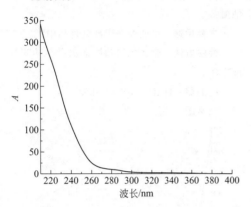

质谱图（ESI⁺）：

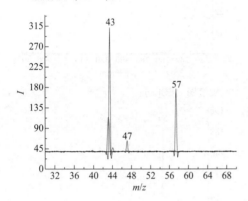

m/z 75 ＞ 43（定量离子对），m/z 75 ＞57。

7. 庚二酸二乙酯

英文名：diethyl pimelate

CAS 号：2050-20-6。

结构式、分子式、分子量：

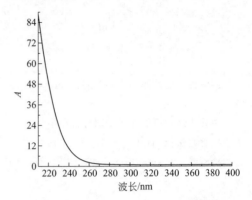

分子式：$C_{11}H_{20}O_4$
分子量：216.27

溶解性：溶于乙醇、乙醚和乙酸乙酯，不溶于水[1]。

主要用途：可能存在于部分食品中。

检验方法：GB/T 10345。

检测器：DAD，FID，MS（ESI 源，EI 源）。

光谱图：

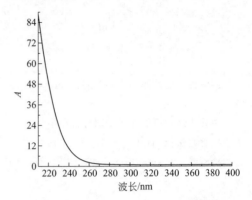

质谱图（ESI⁺）：

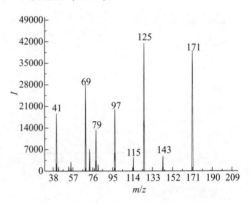

m/z 217＞125（定量离子对），m/z 217＞171。

8. D-果糖

英文名：D-fructose

CAS 号：57-48-7。

结构式、分子式、分子量：

分子式：$C_6H_{12}O_6$
分子量：180.16

溶解性：易溶于水、热丙酮，1g 溶于15mL 乙醇，14mL 甲醇，溶于吡啶、乙胺和甲胺，微溶于冷丙酮[1]。

主要用途：可能存在于部分食品中。

检验方法：GB 5009.8，SN/T 4675.6，NY/T 3163。

检测器：ELSD，RID，CAD，MS（ESI 源）。

质谱图（ESI⁻）：

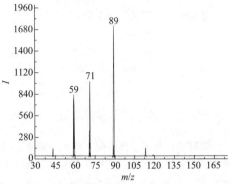

m/z 179>89（定量离子对），m/z 179>71。

9. 2-甲基咪唑

英文名：2-methylimidazole

CAS 号：693-98-1。

结构式、分子式、分子量：

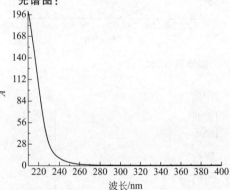

分子式：$C_4H_6N_2$
分子量：82.10

溶解性：溶于水和乙醇，微溶于苯[1]。

主要用途：可能存在于部分食品中。

检验方法：SN/T 4958，DBS61/ 0007。

检测器：DAD，NPD，MS（ESI 源，EI 源）。

光谱图：

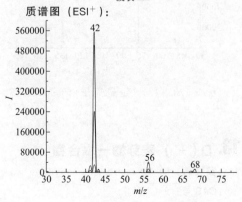

质谱图（ESI+）：

m/z 83>42（定量离子对），m/z 83>56。

10. 4-甲基咪唑

英文名：4-methylimidazole

CAS 号：822-36-6。

结构式、分子式、分子量：

分子式：$C_4H_6N_2$
分子量：82.10

溶解性：溶于水和乙醇[1]。

主要用途：可能存在于部分食品中。

检验方法：SN/T 4958，DBS61/0007，DB22/T 1830。

检测器：DAD，NPD，MS（ESI 源，EI 源）。

光谱图：

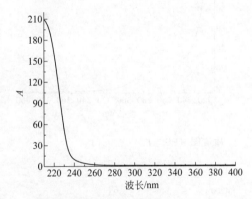

质谱图（ESI+）：

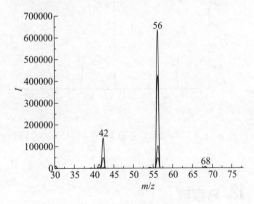

m/z 83>56（定量离子对），m/z 83>42。

11. 3-氯-1,2-丙二醇

英文名：3-chloro-1,2-propanediol

CAS 号：96-24-2。

结构式、分子式、分子量：

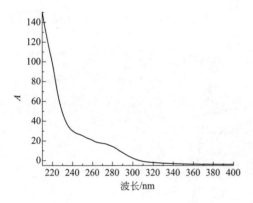

分子式：$C_3H_7ClO_2$
分子量：110.54

溶解性：溶于水、乙醇和乙醚[1]。

主要用途：可能存在于部分食品中。

检验方法：GB 5009.191。

检测器：DAD，ECD，MS（ESI 源，EI 源）。

光谱图：

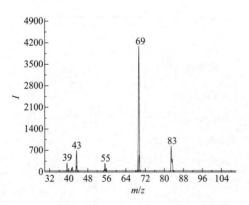

质谱图（ESI⁺）：

m/z 111＞69（定量离子对），m/z 111＞83。

12. 马尿酸

英文名：hippuric acid

CAS 号：495-69-2。

结构式、分子式、分子量：

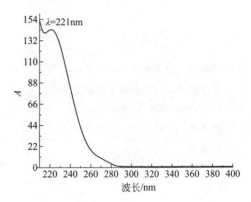

分子式：$C_9H_9NO_3$
分子量：179.17

溶解性：易溶于热乙醇、热水和磷酸钠水溶液，几乎不溶于苯、二硫化碳和石油醚。1g溶于 250mL 冷水、1000mL 三氯甲烷、400mL 乙醚、60mL 戊醇[1]。

主要用途：可能存在于部分食品中。

检验方法：暂无色谱和质谱的食品检测标准方法。

检测器：DAD，MS（ESI 源）。

光谱图：

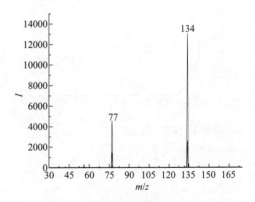

质谱图（ESI⁻）：

m/z 178＞134（定量离子对），m/z 178＞77。

13. D（＋）-麦芽糖一水合物

英文名：D（＋）-maltose monohydrate

CAS 号：6363-53-7。

结构式、分子式、分子量：

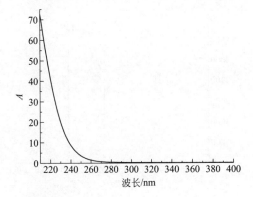

分子式：$C_{12}H_{24}O_{12}$

分子量：360.31

溶解性：溶于水，微溶于乙醇，几乎不溶于乙醚[1]。

主要用途：可能存在于部分食品中。

检验方法：GB 5009.8，GB 5009.279，NY/T 3163。

检测器：DAD，ELSD，RID，CAD，MS（ESI 源）。

光谱图：

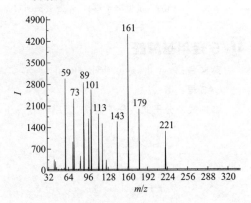

质谱图：

m/z 341＞161（定量离子对），m/z 341＞89。

14. 棉酚

英文名：gossypol

CAS 号：303-45-7。

结构式、分子式、分子量：

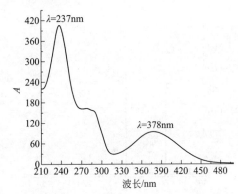

分子式：$C_{30}H_{30}O_8$

分子量：518.55

溶解性：易溶（并缓慢分解）于稀氨水和碳酸钠溶液，溶于甲醇、乙醇、乙醚、三氯甲烷和二甲基甲酰胺，极微溶于石油醚，不溶于水[1]。

主要用途：可能存在于部分食品中。

检验方法：GB 5009.148。

检测器：DAD，MS（ESI 源）。

光谱图：

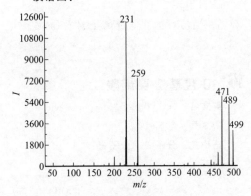

质谱图：

m/z 517＞231（定量离子对），m/z 517＞259。

15. D（＋）-葡萄糖

英文名：D(＋)-glucose

CAS 号：50-99-7。

结构式、分子式、分子量：

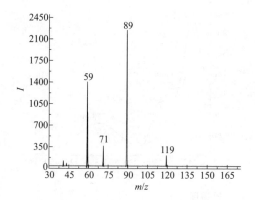

分子式：$C_6H_{12}O_6$

分子量：180.16

溶解性：1g 本品溶于 1mL 水，约 60mL 乙醇[1]。

主要用途：可能存在于部分食品中。

检验方法：GB 5009.8，NY/T 3163，SN/T 4675.6。

检测器：ELSD，RID，CAD，MS（ESI 源）。

质谱图（ESI⁻）：

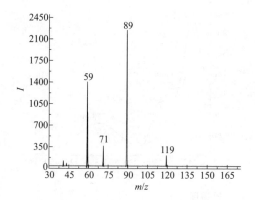

m/z 179＞89（定量离子对），m/z 179＞59。

16. 10-羟基-2-癸烯酸

英文名：10-hydroxy-2-decenoic acid

CAS 号：765-01-5。

结构式、分子式、分子量：

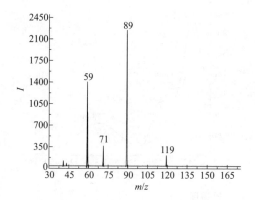

分子式：$C_{10}H_{18}O_3$

分子量：186.25

溶解性：可溶于无水乙醇[2,3]。

主要用途：可能存在于部分食品中。

检验方法：SN/T 0854。

检测器：DAD，FID，MS（ESI 源，EI 源）。

光谱图：

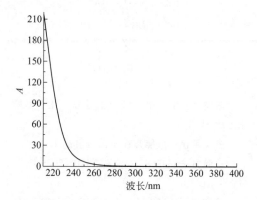

波长/nm

质谱图（ESI⁻）：

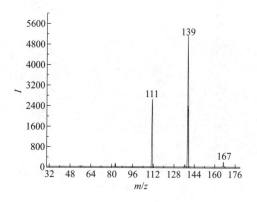

m/z 185＞139（定量离子对），m/z 185＞111。

17. 5-羟甲基糠醛

英文名：5-hydroxymethylfurfural

CAS 号：67-47-0。

结构式、分子式、分子量：

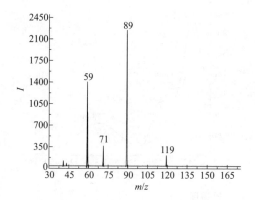

分子式：$C_6H_6O_3$

分子量：126.11

溶解性：易溶于甲醇、乙醇、丙酮、二甲基甲酰胺、乙酸乙酯和水，溶于苯、三氯甲烷和乙醚，微溶于四氯化碳和石油醚[1]。

主要用途：可能存在于部分食品中。

检验方法：GB/T 18932.18，SN/T 4675.8，NY/T 1332。

检测器：DAD，MS（ESI 源）。

光谱图：

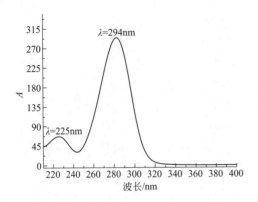

质谱图（ESI⁺）：

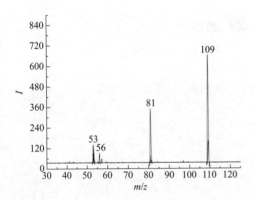

$m/z\ 127 > 109$（定量离子对），$m/z\ 127 > 81$。

18. 壬二酸二乙酯

英文名：diethyl azelate

CAS 号：624-17-9。

结构式、分子式、分子量：

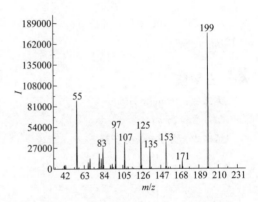

分子式：$C_{13}H_{24}O_4$
分子量：244.33

溶解性：溶于乙醇和乙醚，不溶于水[1]。

主要用途：可能存在于部分食品中。

检验方法：GB/T 10345。

检测器：DAD，FID，MS（ESI 源，EI 源）。

光谱图：

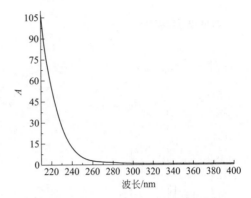

质谱图（ESI⁺）：

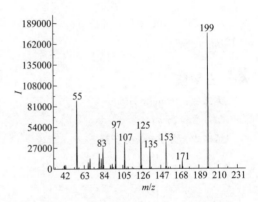

$m/z\ 245 > 199$（定量离子对），$m/z\ 245 > 55$。

19. D（＋）-乳糖一水合物

英文名：D(＋)-lactose monohydrate

CAS 号：64044-51-5。

结构式、分子式、分子量：

分子式：$C_{12}H_{24}O_{12}$
分子量：360.31

溶解性：1g 本品溶于 5mL 水，2.6mL 沸水，几乎不溶于乙醇，不溶于三氯甲烷和乙醚[1]。

主要用途：可能存在于部分食品中。

检验方法：GB 5009.8，GB 5413.5。

检测器：ELSD，RID，CAD，MS（ESI源）。

质谱图（ESI$^-$）：

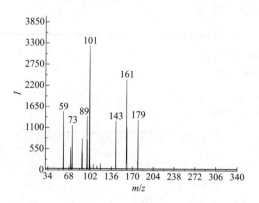

m/z 341＞101（定量离子对），m/z 341＞161。

20. 三甲胺

英文名：trimethylamine

CAS 号：75-50-3。

结构式、分子式、分子量：

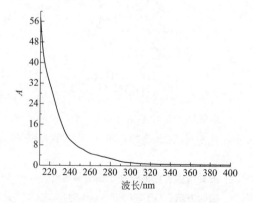

分子式：C_3H_9N

分子量：59.11

溶解性：溶于乙醚、苯、甲苯、二甲苯、乙苯和三氯甲烷[1]。

主要用途：可能存在于部分食品中。

检验方法：GB 5009.179。

检测器：DAD，FID，NPD，MS（ESI，EI源）。

光谱图：

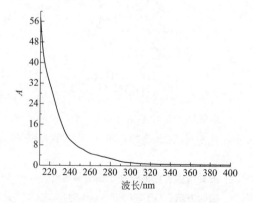
波长/nm

质谱图（ESI$^+$）：

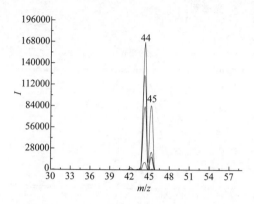

m/z 60＞44（定量离子对），m/z 60＞45。

21. 双酚 A

英文名：bisphenol A

CAS 号：80-05-7。

结构式、分子式、分子量：

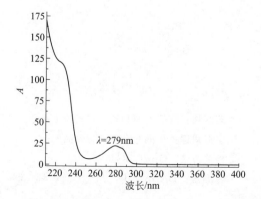

分子式：$C_{15}H_{16}O_2$

分子量：228.29

溶解性：溶于碱溶液、乙醇、丙酮、乙酸、乙醚和苯，微溶于四氯化碳，几乎不溶于水[1]。

主要用途：可能存在于部分食品中。

检验方法：SN/T 4956，DBS13/007。

检测器：DAD，MS（ESI，EI源）。

光谱图：

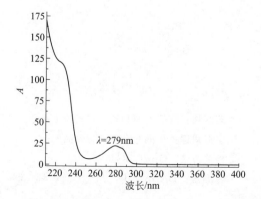
$\lambda=279nm$
波长/nm

质谱图（ESI⁻）：

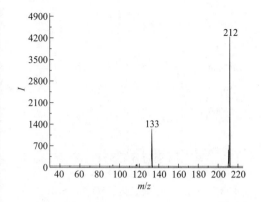

m/z 227＞212（定量离子对），m/z 227＞133。

22. 双酚 C

英文名：bisphenol C

CAS 号：79-97-0。

结构式、分子式、分子量：

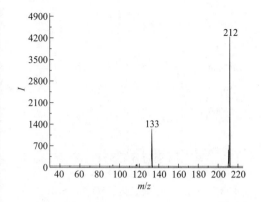

分子式：$C_{17}H_{20}O_2$

分子量：256.34

溶解性： 可溶于甲醇和乙醇。

主要用途： 可能存在于部分食品中。

检验方法： 暂无色谱和质谱的食品检测标准方法。

检测器： DAD，MS（ESI，EI 源）。

光谱图：

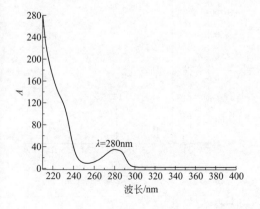

质谱图（ESI⁻）：

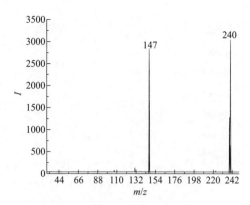

m/z 255＞240（定量离子对），m/z 255＞147。

23. 双酚 S

英文名：bisphenol S

CAS 号：80-09-1。

结构式、分子式、分子量：

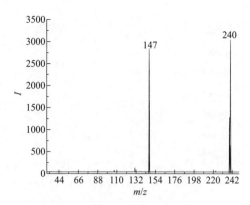

分子式：$C_{12}H_{10}O_4S$

分子量：250.27

溶解性： 溶于乙醇、乙醚和丙酮，不溶于水[1]。

主要用途： 可能存在于部分食品中。

检验方法： 暂无色谱和质谱的食品检测标准方法。

检测器： DAD，MS（ESI，EI 源）。

光谱图：

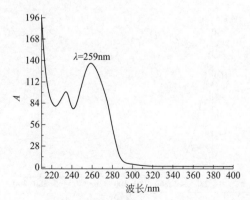

质谱图（ESI⁻）：

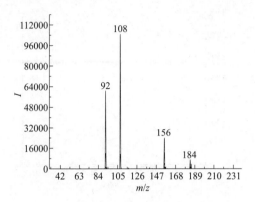

m/z 249＞108（定量离子对），m/z 249＞92。

24. 辛二酸二乙酯

英文名：diethyl suberate

CAS 号：2050-23-9。

结构式、分子式、分子量：

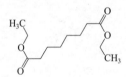

分子式：$C_{12}H_{22}O_4$
分子量：230.30

溶解性：溶于乙醇和乙醚，不溶于水[1]。

主要用途：可能存在于部分食品中。

检验方法：GB/T 10345。

检测器：DAD，FID，MS（ESI 源，EI 源）。

光谱图：

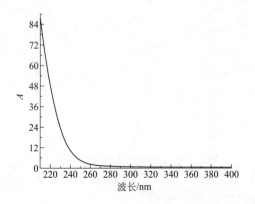

质谱图（ESI⁺）：

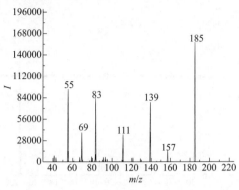

m/z 231＞185（定量离子对），m/z 231＞139。

25. D（+）-蔗糖

英文名：D(＋)-sucrose

CAS 号：57-50-1。

结构式、分子式、分子量：

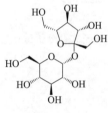

分子式：$C_{12}H_{22}O_{11}$
分子量：342.30

溶解性：1g 本品溶于 0.5mL 水、170mL 乙醇、约 170mL 甲醇，微溶于甘油和吡啶[1]。

主要用途：可能存在于部分食品中。

检验方法：GB 5009.8，SN/T 4675.6，NY/T 3163。

检测器：ELSD，RID，CAD，MS（ESI 源）。

质谱图（ESI⁻）：

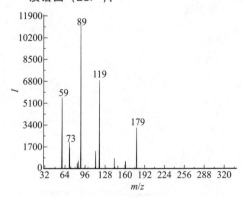

m/z 341＞89（定量离子对），m/z 341＞119。

26. 组胺

英文名：histamine

CAS 号：51-45-6。

结构式、分子式、分子量：

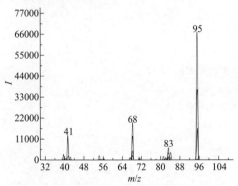

分子式：$C_5H_9N_3$
分子量：111.15

溶解性：易溶于水、乙醇和热三氯甲烷，微溶于乙醚[1]。

主要用途：可能存在于部分食品中。

检验方法：GB 5009.208。

检测器：DAD（衍生），NPD，MS（ESI源，EI源）。

质谱图（ESI⁺）：

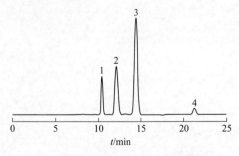

m/z 112＞95（定量离子对），m/z 112＞68。

27. 糖类物质

液相色谱图：

1—D（＋）-蔗糖；2—D（＋）-葡萄糖；
3—D（＋）-果糖；4—山梨糖醇

色谱柱：CarboPac Ca2＋（300mm×8.0mm，6μm）；柱温：85℃；检测器：示差检测器（RID）；进样量：10μL；流速：0.6mL/min；流动相：水。

多反应监测图：

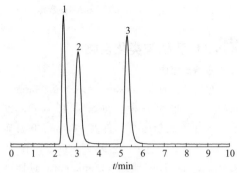

1—D-果糖；2—D（＋）-葡萄糖；3—D（＋）-蔗糖；

色谱柱：XBridge BEH Amide（2.1mm×150mm，5μm）；柱温：70℃；进样量：2μL；流速：0.4mL/min；流动相：0.08％氨水溶液-乙腈（15：85，体积比）。

电离模式：ESI，负离子扫描；扫描模式：多反应监测（MRM）；化合物 MRM 参数略。

28. 多环芳烃

总离子流图：

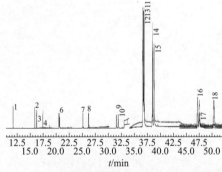

1—萘；2—苊烯；3—苊；4—芴；5—菲；6—蒽；
7—荧蒽；8—芘；9—苯并[a]蒽；10—䓛；
11—苯并[b]荧蒽；12—苯并[k]荧蒽；
13—苯并[j]荧蒽；14—苯并[e]芘；
15—苯并[a]芘；16—茚并[1,2,3-cd]芘；
17—二苯并[a,h]蒽；18—苯并[g,h,i]苝

色谱柱：InertCap 35（30m×0.25mm×0.25μm）；程序升温：初始温度50℃，保持2min，以10℃/min升温到200℃，再以5℃/min升温到290℃，保持25min；载气：氦气；恒线速度：36.3cm/sec；进样口温度：300℃；进样量：1μL；进样方式：不分流进样；高压进样：250kPa（1min）；电离模式：电子轰击电离（EI）；离子源温度：230℃；接口温度：300℃；溶剂延迟：3min；数据采集模式：

SIM；检测器电压：调谐电压＋0.2kV，33min以后，绝对电压值1.35kV；SIM参数略。

29. N-亚硝胺类化合物

总离子流图：

色谱柱：SH-Stabilwax（30m×0.25mm×0.25μm）；程序升温：初始温度40℃，以10℃/min升温到80℃，再以1℃/min升温到100℃，以20℃/min升温到240℃，保持4min；载气：He；流速：1.0ml/min；进样口温度：220℃；进样量：1μL；进样方式：不分流进样；电离模式：电子轰击电离（EI）；电子轰击能量：70eV；离子源温度：230℃；接口温度：230℃；溶剂延迟：4min；选择离子监测模式（SIM）；SIM参数略。

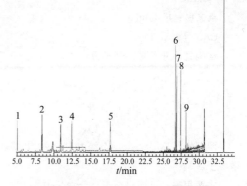

1—N-亚硝基二甲胺；2—N-亚硝基甲乙胺；
3—N-亚硝基二乙胺；4—N-亚硝基二丙胺；
5—N-亚硝基二丁胺；6—N-亚硝基吡啶烷；
7—N-亚硝基吡咯胺；8—N-亚硝基吗啉；
9—N-亚硝基二苯胺

参考文献

[1] 李云章，周嘉勋，方厚堃，等. 试剂手册，第三版. 上海：上海科学技术出版社. 2011.

[2] GB 9697—2008 蜂王浆.

[3] SN/T 0854—2000 进出口蜂王浆和蜂王浆冻干粉中10-羟基-α-癸烯酸的检验方法.